자연이 자라는 친환경 정원

자연이 자라는
친환경 정원

사려 깊게 가꾸는
꽃 한 송이, 나무 한 그루

젠 칠링스워스 지음
아멜리아 플라워 그림
김경영 옮김

| 일러두기 |

- 옮긴이와 편집자 주는 ♣로 표시하였습니다. 별도로 '편집자' 표기가 없는 것은 옮긴이 주입니다.

- 이 책에 등장하는 식물명은 국립국어원(표준국어대사전 및 우리말샘), 국가표준식물목록(http://www.nature.
  go.kr/kpni/index.do), 국가 생물다양성 정보공유체계(https://www.kbr.go.kr/index.do)의 순서로 참고하여 적었
  습니다. 세 곳의 누리집에 나오지 않는 정보는 원서를 준용합니다.

목차

들어가며

지구의 온도가 높아지면서 기후 변화를 몸소 실감하는 요즘, 삶의 모든 부분에서 어떤 실천을 할 수 있는지 고민하는 게 그 어느 때보다 중요해졌다. 우리가 원래 '푸르다'고 믿는 정원 가꾸기도 그중 하나다. 전기로 작동하는 원예용품과 잔디깎이를 사용하고, 원예용품을 제작해 운송하고, 화학 비료를 남용하는 일들이 모두 지구 환경에 악영향을 미친다.

하지만 조금만 신경 쓰면 쉽고 간단하게 상황을 바꿀 수 있다. 빗물을 모아서 쓰고, 토탄을 섞지 않은 분갈이용 흙을 고르고, 야생동물의 집을 만들어주는 일은 모두 환경을 지키면서 정원을 가꾸는 좋은 방법이다. 주어진 공간에서 솜씨를 발휘해 환경을 보호할 수 있는 다른 방법도 많다. 가령 수입한 꽃을 사는 대신 있던 꽃을 꺾어서 기르는 절화를 재배하거나, 허브를 말

려 요리에 활용하거나, 버리는 물건으로 화분을 만들거나, 공동체 텃밭 사업에 참여해 보는 거다.

도시 정원은 기후 변화 해결에 중요한 역할을 한다. 나무와 수풀은 대기오염도와 기온을 낮추는 데 도움이 되고, 큰비가 올 때 빗물이 범람하는 속도를 늦춰 도시의 배수 시설이 과부하되는 위험을 줄인다. 또한 조류를 비롯한 야생동물의 터전이 되고 벌을 포함한 꽃가루 매개충에게 중요한 식량이 된다.

환경을 생각하는 정원사는 기본적으로 검소하다. 덜 사고, 사더라도 중고 제품을 선택한다. 가지고 있는 물건을 끝까지 사용하고 쓰레기를 줄일 방법을 찾는다. 가정에서 나오는 플라스틱을 재활용하고, 퇴비를 직접 만들어 쓰며, 음식물 쓰레기를 액체 비료로 만들어서 꽃가루 매개충을 유인하고

해충을 쫓는 등 쓰임새가 다양한 식물에 준다.

우리 집에는 중정 같은 작은 정원이 있는데, 나는 그곳에 식용작물과 꽃, 허브, 덩굴식물을 키우며 계절에 따라 바뀌는 풍경을 즐거운 마음으로 지켜본다. 봄에는 마음을 차분하게 해주는 잔잔한 초록색과 은은한 빛을 띠다가 가을이 되면 따뜻한 붉은색과 적갈색으로 바뀌는 정원. 초봄에는 동네 벚나무가 꽃을 피우면서 정원 전체가 화사한 분홍색으로 변하고, 바람이 조금만 불어도 꽃잎이 비처럼 쏟아진다.

여름에는 삐걱대는 낡은 울타리가 클레마티스, 인동덩굴, 재스민으로 뒤덮인다. 오래된 토분에는 야생화와 여러 해살이풀이 들어차고, 쓸모를 다한 물뿌리개 안에는 생강, 민트, 세이지가 빼곡하게 자리를 잡고서 근처 주민인 고슴도치의 집을 천적으로부터 지켜

준다. 길 포장용 돌 틈으로 고개를 내민 로만카모마일은 살짝 밟으면 취할 것 같은 향을 뿜어낸다. 어지러울 정도로 다채로운 색깔로 자라는 완두콩과 강낭콩은 대나무 지주대에 덩굴손을 휘감고, 벌과 나비는 샐비어와 에키나시아에서 꿀을 찾는다. 나는 양귀비*, 야생 당근, 코스모스, 스위트피를 다발로 꺾어 토분과 벼룩시장에서 산 화병에 꽂아 벽난로 선반을 장식한다. 딸기, 라즈베리, 블랙베리는 잼과 조림이 된다. 토마토는 캔에 담겨 파스타 소스로 쓰인다.

가을이 찾아와 동네 나무에 달린 잎들이 황갈색으로 변하며 바닥에 떨어지면 나뭇잎을 긁어모아 퇴비 더미에 합쳐둔다. 고슴도치는 아늑한 제집에서 몸을 둥글게 말고 겨울잠에 들어간다. 울새, 지빠귀, 다람쥐는 먹이통을 찾아와 배불리 먹고 겨우내 버틸 먹이를 모은다.

❀ 국내에서는 마약 성분이 없는 관상용 품종만 재배 가능하다. -편집자

나에게 행복을 주는 작은 정원. 커피 한 잔을 들고 녹슨 테이블 앞에 몇 시간이고 앉아 나무 위의 새들이 지저귀는 소리를 들으며 자연이 제 할 일을 하는 모습을 가만히 지켜본다. 도로 위 자동차 소리도 들리지 않고 휴대전화 알림을 확인할 필요도 없다. 이 정원은 분주한 도시 한가운데에 자리한 나만의 도피처이자 오아시스다.

꼭 커다란 정원에서만 식물을 키울 수 있는 건 아니다. 굳이 정원이 있을 필요가 없다! 현관문 옆이나 발코니에 화분 두어 개를 두거나 창가 화단을 활용해도 되고, 심지어 부엌 창턱에 작은 모종판 하나만 둬도 놀라운 결실을 거둘 수 있다. 벽면을 활용해 식물을 키우는 식물 벽, 음식물을 발효해 퇴비화하는 보카시bokashi 퇴비 만들기, 어린잎채소와 버섯 재배 키트 등 집안에서 정원을 가꾸는 방법은 많다.

이 책은 남은 음식물로 비료를 만드는 법부터 에너지 소비량 줄이기, 물 절약하기, 친환경적으로 정원을 관리하는 법, 병충해를 물리치는 법까지 친환경 정원을 가꾸는 다양한 방법을 소개한다. 평소 원예용품점과 마트에서 사는 제품을 조금 더 자세히 살펴보고, 약간의 노력을 기울여 꽃, 과일, 허브, 채소를 집에서 더 지속가능한 방식으로 키울 수 있게 되기를 바란다. 그리고 부디, 이 책이 자생종과 더 많은 야생동물들을 정원으로 불러들일 방법을 생각해 볼 계기가 되었으면 한다.

1.
친환경 정원의
필수 조건

이제부터 친환경 정원

먼저 사소한 변화를 통해 지속가능한 정원을 가꾸는 방법을 살펴보자. 변화를 위해서는 습관을 바꿔 일상화하는 과정이 필요하다.

우선 다음 다섯 가지 규칙으로 시작해 보자. 거부하고refuse, 줄이고reduce, 재사용하고reuse, 재활용하고recycle, 썩히는rot 규칙이다. 이 규칙을 정원에 적용하면 물건을 더 신중하게 소비할 수 있고 쓰레기 양도 줄일 수 있다. 장비나 도구를 사기 전에, 있는 물건을 재활용하거나 빌려 쓸 수 있는지 생각해 보자. 대형 DIY 매장이나 원예용품점 대신 집 근처에 정원용 장비나 도구를 구할 수 있는 종묘장이나 목재 야적장이 있는가?

일회용 플라스틱은 심각한 환경오염을 유발하므로 재사용하거나 새 용도로 바꿔 쓰면 환경에 도움이 된다. 플라스틱 우유통, 세제 분무기 같은 생활용품을 물뿌리개로 활용할 수 있고, 달걀판과 플라스틱 과일통은 파종 용기로 유용하다.

지구를 돕는 훌륭한 방법 중 하나는 물을 덜 쓰는 것이다. 날씨가 따뜻해지면 물 소비량이 치솟아 공급업체들이 지하수, 강물, 시냇물을 끌어다 쓸 수밖에 없는데, 이는 환경에 해롭고 동물의 서식지를 위협한다. 내건성 식물을 키우거나 수분을 머금는 화분을 쓰는 등 작은 변화만으로도 물 사용량을 줄일 수 있다.

정원을 지속가능한 방식으로 가꾸는 방법은 얼마든지 있다. 나무나 산울타리를 심어 대기오염을 줄이는 방법부터 튼튼한 조경 자재를 고르는 방법까지 전부 친환경 정원을 만드는 데 중요한 역할을 할 것이다.

정원 필수품

유기농 정원을 가꿔본 경험이 없거나 기존의 정원 관리 방법을 조금 바꾸고 싶다면 우선 시작하기 좋은 방법이 있다. 이미 가지고 있거나 새로 구입해야 하는 장비를 살펴보는 것이다. 원예 도구는 예산이 허락하는 한 제일 좋은 제품을 산다. 품질이 더 좋아 오래쓸 수 있을 것이다. 또한 쓰기는 편한지, 크기는 적당한지 사용해 본 뒤에 구입한다. 나무 손잡이가 달린 도구는

천에 아마유 한 방울을 떨어뜨린 뒤 닦아서 길을 들이고, 손잡이가 파손됐다면 온라인에서 다른 제품을 찾아보자. 새 제품을 사고 싶지 않다면 중고거래, 차고 세일, 폐품 하치장, 골동품 시장, 고철 처리장에서 대체할 만한걸 구할 수도 있다.

배양토와 분갈이 흙 역시 고민해 보자. 많은 다용도 배양토에는 이탄지에서 나온 재생 불가능한 자원인 토탄이 들어가 있다. 식물의 퇴적으로 형성되는 일종의 석탄인 토탄이 쌓여 이루어지는 이탄지는 지구에 대단히 중요한데, 다량의 이산화탄소를 흡수하고 저장

하며 희귀 식물종과 야생동물이 살아가는 필수 서식지이기 때문이다(이탄지 1헥타르당 저장된 평균적인 탄소의 양은 숲을 포함한 다른 생태계의 10배 이상이다❖). 토탄을 쓰지 않은 인증 배양토, 코이어(코코넛 껍질 섬유)나 친환경 성분, 양모로 만든 환경 친화적인 대체품을 찾자.

시판 농약 대신 천연 성분을 이용해 무독성 농약을 직접 만들어 쓰는 것도 좋다(162~175쪽 참고). 이제부터 내가 쓰는 정원 필수용품을 소개한다. 모두 지속 가능한 정원을 가꾸는 데 도움을 줄 제품들이다.

원예 도구

야외용으로는 모종삽, 소형 갈퀴, 호미, 쇠스랑, 전지가위(가지치기용 가위), 가위, 삽이 필요하며, 실내 정원에서는 모종삽과 갈퀴, 그리고 전지가위가 필요하다.

원예 장갑

화석 연료로 만든 장갑 대신, 천연고무와 유기농 면으로 만든 장갑을 쓰자. 플라스틱을 사용하지 않는 온라인 매장 또는 공정무역 쇼핑몰에서 구할 수 있다.

물뿌리개

플라스틱 물뿌리개보다 대체로 수명이 훨씬 긴 금속 소재의 물뿌리개를 구입한다. 살수구가 분리되는 물뿌리개가 가장 좋다. 식물에 따라 물줄기의 굵기를 조절해야 할 수도 있기 때문이다. 하지만 금속제 물뿌리개는 무거워

❖ 가든 오가닉(Garden Organic, www.gardenorganic.org.uk)

서 모두에게 실용적이진 않을 수 있으므로 재활용 플라스틱 물뿌리개를 사거나 집에서 나오는 플라스틱으로 만드는 편이 나을 수도 있다(21쪽 참고).

정원용 비누

일이 끝나면 질 좋은 고체 비누로 손을 씻는다. 직접 만든 비건 비누가 제일 좋지만, 산다면 천연 에센셜 오일이나 친환경 오일, 버터로 만든 것, 각질과 찌든 때에 효능이 좋은 양귀비씨나 커피 가루가 들어간 것을 고른다.

증류 백식초(증류 맥아 식초)

증류 백식초에는 소독 성분과 항진균 성분이 들어있으며, 토양의 수소 이온 농도(pH)를 측정하는 데 사용된다. 슈퍼마켓이나 식료품점에서 사도 되고, 온라인 매장에서 대량 구입할 수도 있다.

베이킹소다

정원 청소, 토양 pH 측정, 농약 제조에 사용되는 천연 살균제. 리필 매장에서 원하는 양만 덜어서 사거나 온라인으로 대량 구입한다.

액체 캐스틸 비누

액체 캐스틸 비누는 완전 생분해성 비건 제품이며, 반려동물 주변에서 사용해도 안전하다. 천연 식물성 오일로 만든 액체 캐스틸 비누는 살충제를 만들고 흰가룻병을 퇴치하는 데 쓰인다. 나는 근처 제로웨이스트 매장에 리필 용기를 가져가서 필요한 만큼 산다. 근처에 리필 매장이 있는지 검색해 보라. 동네 건강식품 매장과 대형 온라인 쇼핑몰에서도 액체 캐스틸 비누를 구할 수 있다. 팜유를 넣지 않았거나 인증받은 친환경 팜유를 넣은 캐스틸 비누를 구입하자.

님 오일

천연 유기농 생분해성 해충 기피제 겸 살진균제. 반려동물과 야생동물 근처에서 사용해도 안전한 님 오일은 멀구슬나무 씨앗에서 채취하며, 오래전부터 천연 살충제로 사용되었다. 식물에 붙은 해충을 죽이지만, 올바르게 사용하면 꽃가루 매개충에게는 해롭지 않다. 약국과 온라인 쇼핑몰에서 천연 님 오일을 살 수 있다.

페퍼민트 에센셜 오일

진딧물과 가루이 같은 해충을 쫓는 데 사용되며, 민달팽이와 달팽이가 채소밭에 접근하는 것을 막아주기도 한다. 유기농 제품을 구입하고, 싸구려 오일은 되도록 사용하지 말자. 저렴한 에센셜 오일은 대체로 묽게 희석한 제품이며 친환경적인 방식으로 제조되지 않기 때문이다.

계핏가루

제빵용으로 집에 갖고 있을지도 모르는 계핏가루는 정원에서 천연 살진균제 역할을 한다. 모종판 흙 표면에 계핏가루를 살짝 뿌리면 '모잘록병(씨앗 발아를 방해하는 곰팡이병)'을 예방할 수 있다. 또 계핏가루는 꺾꽂이할 때 뿌리가 잘 나도록 하는 발근제와 해충 기피제 역할도 한다. 나는 주로 동네 제로웨이스트 매장에서 필요한 만큼 덜어서 사는데, 키울 씨앗이나 꺾꽂이할 가지가 많다면 대량 판매하는 온라인 매장에서 사자. 포장 용기 사용을 줄일 수 있고, 더 저렴하다.

친환경 정원에 필요한 '5R' 전략

지속가능한 변화를 만들고 싶다면 다섯 가지 R 규칙, 즉 거부하고, 줄이고, 재사용하고, 재활용하고, 썩히는 규칙을 기억하자. 이를 적용하면 가정과 지구를 위해 더 나은 선택을 할 수 있다. 지금부터 이 규칙을 활용해 친환경 정원을 가꾸는 몇 가지 방법을 소개한다.

거부하기(REFUSE)

결국 쓰레기가 될 제품은 사지 않는다. 주로 재활용이 불가능한 플라스틱 제품으로, 그물망, 식물 이름표, 플라스틱 화분 등이 이에 해당한다. 장거리를 이동하는 대형 DIY 체인점이나 마트의 식물은 되도록 사지 말고, 근처 종묘장에서 키워 에너지와 운송 시간이 적게 드는 식물을 찾아보자. 다양한 희귀종도 판매하고 있을 것이다.

줄이기(REDUCE)

충동구매를 멈추고 꼭 필요한 제품만

사는 습관을 들이자.

자주 쓰지 않는 장비는 구입하는 대신 빌려 쓴다. 잔디깎이, 산울타리 전정기, 전기톱 등을 장비 대여 회사에서 저렴하게 빌려 쓸 수 있다. 아니면 근처에 공구 도서관tool library이 있는지 알아본다. 공구 도서관은 환경에 미치는 영향을 줄이기 위해 공구의 공유를 활성화하는 사회적 기업으로, 저렴한 연회비로 다양한 원예 장비와 DIY 도구를 이용할 수 있다.

재사용하기(REUSE)

원예용품은 쓰고 나면 깨끗이 닦아두고 재배 기간이 끝나면 철 수세미로 닦아서 관리한다(이렇게 하면 녹스는 걸 방지할 수 있다). 삽날과 호미 날, 전지가위 날 가는 방법을 알려주는 영상을 찾아 참고한다. 산울타리나 잔디 전정기 같은 소형 장비가 고장 나면 새 제품을 사기보다는, 자원봉사자들이 소정의 기부금을 받고 고쳐주는 수리점이 주변에 있는지 먼저 검색해 보자.

빈 분갈이용 배양토 포대는 챙겨뒀다가 높임 화단의 안감을 만들 때 사용하거나(우선 배수구를 몇 개 뚫는다.) 감자, 완두콩, 누에콩(잠두)을 심어 키우는 모종 화분 대용으로 활용한다. 근처 원예용품점이나 종묘장에서 분갈이용 배양토를 구입할 때 빈 포대를 가져다주면 재사용하는지 물어보자.

지자체의 재활용 센터에서 정원 폐기물을 모아 직접 만든 분갈이용 배양토를 제공하는 곳이 있으니 조사해 보라. 수확량이 많다면 남는 식물이나 농산물을 근처 푸드뱅크*나 사회적 기업에 기부해 지역사회를 돕자. 플라스틱병, 달걀판, 과일통 등 일상적으로 쓰는 생활용품 가운데는 정원에서 재사용할 수 있는 물건이 많으니, 21~25

※ 남는 먹거리를 기부받아 빈곤층에 나누어 주는 단체

쪽, 65~67쪽을 참고해 다양하게 활용한다.

재활용하기(RECYCLE)

거부하거나 줄이거나 재사용할 수 없는 물건은 전부 재활용한다. 지자체에서 수거하는 재활용품을 알아보자.

썩히기(ROT)

여유가 될 때마다 퇴비를 만들자. 야외에 퇴비통을 둘 공간이 없다면 실내에 두고, 음식물 쓰레기와 정원 폐기물로 다양한 퇴비를 만든다. 퇴비 만드는 방법은 48~57쪽을 참고하자.

물 절약하기

친환경 정원을 가꾸는 좋은 방법 중 하나는 물 사용량을 줄이는 것이다. 심지어 물뿌리개를 집어 들기도 전에 물을 절약할 여러 가지 방법이 있다.

유기물
직접 만든 퇴비나 부엽토를 흙에 섞은 뒤 식물을 심으면 흙의 보수력이 좋아진다(더 자세한 내용은 36~39쪽 참고).

멀칭(바닥덮기)
식물이 자라는 땅에 짚단, 낙엽 등을 한 겹 덮어주면 수분의 증발을 막아 물 주는 횟수를 줄일 수 있다.

잡초 제거
잡초는 식물에 갈 양분과 물을 뺏는다. 주기적으로 잡초를 뽑아주면 이런 사태를 예방할 수 있다.

화분
식물을 심을 때 토분은 되도록 피한다. 다공성이라 물이 너무 잘 빠지기 때문이다. 대신 유약을 바른 화분을 고른다. 금속 소재의 화분이나 높임 화단은 온도가 금방 올라가고 흙 속의 수분을 더 많이 빨아들여 물을 더 자주 줘야 한다. 식물 뿌리가 화분에 꽉 차면 물을 더 자주 줘야 하므로 큰 화분에 옮겨 심어 물 사용량을 줄인다.

내건성 식물 심기
강수량이 적은 지역에 살거나 단순히 물 주는 횟수를 줄이고 싶다면 가뭄에 강한 내건성 식물을 고른다. 대개 표면이 털로 덮여 있거나 매끈하고 잿빛 또는 은빛 잎이 달려 있다. 용설란, 라벤더, 로즈메리, 루드베키아와 타임은 모두 오랜 기간 물 없이도 잘 자란다.

물 주는 시기

매일 조금씩 물을 주는 것보다는 식물이 정말 필요로 할 때만 물을 준다. 며칠에 한 번씩 물을 흠뻑 주면 뿌리가 더 건강해진다. 어느 정도 자란 기존 식물보다는 행잉 바구니와 화분 식물, 새로운 식물에 우선 물을 준다. 되도록 기온이 높아지기 전인 이른 아침이나 이른 저녁에 주자.

뿌리에 물 주기

식물은 흙 속의 수분을 빨아들이므로 잎이 아닌 뿌리에 물을 준다.

▋물 주는 장비

- **물뿌리개:** 살수구가 분리되는 질 좋은 물뿌리개를 마련한다(15~16쪽 참고). 플라스틱 우유통이나 세탁 세제 용기(손잡이가 달린 대형 용기)로 물뿌리개를 직접 만들 수도 있다. 따뜻한 비눗물에 통을 씻어

헹군 뒤 물기를 말린다. 뚜껑을 돌려 뺀 다음 작은 드릴 날을 이용해 뚜껑 윗면에 구멍을 여러 개 낸다. 통에 물을 채워 뚜껑을 닫고 평소처럼 물을 준다.

- **물 호스:** 호스로 물을 준다면 물 공급을 차단할 수 있는 노즐이 달린 호스를 고른다. 그래야 수도꼭지를 잠그러 가는 동안 물이 계속 흘러나올 일이 없다. 스프링클러가 달린 호스는 되도록 사용하지 않는다. 물을 많이 쓰게 되고, 늘 유용한 장비는 아니기 때문이다.

- **점적관수❖ 시설:** 점적관수 시설을 설치하면 물이 절약되며, 화분, 화단, 채소 화단, 높임 화단, 창가 화단, 실내 식물에 물을 주기 좋다. 이 시설은 호스와 드리퍼를 이용해 식물 뿌리에 천천히 물을 흘려보낸다. 저렴하고 설치법도 쉬워 비용과 시간이 절약되며, 흙 표면에 물이 고여 생기는 흰가룻병과 마름병 같은 병을 방지할 수 있다.

- **빗물받이통:** 정원에 들어갈 수 있는 가장 큰 사이즈의 빗물받이통을 고르고, 여

❖ 가는 구멍이 뚫린 관을 땅속에 약간 묻거나 땅 위로 늘여서 작물 포기마다 물방울 형태로 물을 주는 방식 -편집자

유 공간이 있다면 통을 여러 개 구입해 지붕에서부터 내려오는 수직 홈통에 연결한다. 빗물받이통이 더러워지고 물이 고여 썩을 수 있음을 명심한다. 이런 사태를 막기 위해 생분해되는 무독성 세척 용품을 사용하자. 통에는 늘 뚜껑을 덮어 파리와 모기가 들어가서 알을 낳지 않도록 한다. 또 호기심 많은 동물이나 어린 아이들이 빠지지 않도록 조심한다.

- **올라(olla):** 올라는 테라코타로 만든 커다란 물독이나 물병으로, 물독의 윗부분 또는 병목이 땅 위로 오도록 묻는다. 안에 물을 채워두면 올라 주변 식물이 뿌리로 수분을 빨아들인다. 원예용품점이나 종묘장에서 구입해도 되고, 유약을 바르지 않은 토분으로 쉽게 만들 수도 있다. 우선 약간의 퍼티(고체 접착제) 또는 오래된 와인 코르크로 토분의 물구멍을 막는다. 물을 주려고 하는 식물 주변 흙에 물독의 윗부분이 땅 위로 오도록 묻는다. 물독에 물을 채운 뒤 토기나 플라스틱 받침을 덮어 물이 증발하지 않도록 한다. 물독을 수시로 살피며 필요할 때마다 물을 보충한다.

물 재활용하기

- **빗물:** 비가 많이 오는 날 물뿌리개(그 밖에 가지고 있는 다른 정원용 통)를 밖에 두어 빗물을 받는다. 깔때기를 얹으면 빗물이 물뿌리개 안으로 바로 들어간다. 바깥 날씨의 혜택을 누릴 기회가 별로 없는 실내 정원과 실내 화분용 화초에 주기 좋다.

- **음식 끓인 물:** 채소, 파스타, 쌀을 끓이는 데 사용한 물을 모아둔다. 상온에서 식힌 뒤 물뿌리개에 담아 실내와 야외 식물에 준다.

- **생활 폐수:** 가정에서 배출하는 물을 모아 실내와 야외 식물에 줄 수 있다. 하지만 생활 폐수를 사용하기 전에 지켜야 하는 몇 가지 규칙이 있다. 우선, 설거지 및 그릇 담근 물, 목욕, 샤워 목적으로 사용한 물만 쓸 수 있다(화장실 폐수는 사용할 수 없다). 시판 세척제가 들어간 물은 쓰지 않는다. 유해 화학물질과 생분해되지 않는 성분이 흙 속에 흘러들 수 있기 때문이다. 대신 친환경적이고 유해하지 않은 식물성 원료로 만든 세척제를 선택한다. 그리고 사용하기 전에 물을 실온까지 식힌 뒤 식물 뿌리에 준다. 모아둔 빗물과

번갈아 사용하면 제일 좋다.

- **제습기:** 제습기에 모인 물은 정원에서 안심하고 사용할 수 있다. 물통에 모인 물을 물뿌리개에 부은 뒤 실내와 야외 식물에 그대로 주면 된다. 하지만 물통 속 물에는 독성 물질이 있을지도 모르니 식용식물에는 주지 않는다. 제습기의 물은 생활 폐수와 똑같이 취급해야 하며, 모인 빗물과 번갈아 쓰면 제일 좋다. 물통에 곰팡이가 생기지 않도록 반드시 깨끗하게 관리해 준다.

친환경 정원 가꾸기

우리는 모두 플라스틱 생산이 지구에 해롭다는 사실을 잘 안다. 안타깝게도 플라스틱으로 포장되거나 제작한 원예용품이 상당히 많지만, 플라스틱 사용량을 대폭 줄이는 방법이 있다.

어떤 플라스틱은 쉽게 부서지거나 독성 물질이 흙 속으로 흘러 들어가지 않아 정원에서 안심하고 재사용할 수 있다. 모든 플라스틱에는 숫자가 새겨져 있다. 보통 작은 삼각형 안에 적혀 있는데, 이 숫자는 제품의 원료인 플라스틱 종류를 가리킨다. 많은 사람들이 정원에서 음료 병을 사용하라고 추천하지만, 숫자 1이 적힌 플라스틱(폴리에틸렌 테레프탈레이트)은 대부분 빛과 열에 노출되면 쉽게 녹고 토양을 오염시킬 수 있는 일회용 플라스틱으로 취급된다. 따라서 숫자 2(고밀도 폴리에틸렌)나 4(저밀도 폴리에틸렌)가 적힌 플라스틱을 사용하는 게 더 안전하다. 이 두 플라스틱은 자외선에 강하고 고온에도 잘 견딘다. 식품 용기, 세제통 등에 쓰인다.

화분과 모종판

화분과 모종판은 대개 재활용 플라스틱으로 만들지만, 수명이 다하면 더 이상은 재활용할 수 없다. 식물을 구입한 원예용품점이나 종묘장에 가서 화분이나 모종판을 재사용하는지 물어본다. 모종을 심는 경우, 코이어로 만든 생분해성 화분을 고르거나 신문지로 직접 만든다(66쪽 참고). 요구르트 병이나 달걀판도 모종을 심기 좋은 용기다.

플라스틱 우유통

21쪽처럼 물뿌리개를 만들어도 좋고, 씨앗을 재배하는 용도로도 활용할 수 있다. 매직펜으로 우유통 바닥에서 위쪽으로 약 3분의 1 지점에 통 전체를 둘러 선을 긋는다. 가위나 다용도 칼로 선을 따라 조심스럽게 자르면 플라스틱통이 두 조각으로 나뉜다. 따뜻한 비눗물로 씻어 헹군 뒤 물기를 말린다. 더 평평한 바닥 부분에 배수구를 몇 개 뚫어 모종판으로 사용하자.

식물 보호 덮개

위의 방법으로 자르고 남은 플라스틱 우유통의 윗부분은 어린 식물을 보호하는 덮개로 쓸 수 있다. 식물 위에 덮은 다음 통 가장자리를 흙 속에 눌러 넣으면 된다. 날씨가 따뜻하면 통 뚜껑을 열어 공기를 통하게 한다(뚜껑은 기온이 떨어지면 다시 끼울 수 있도록 보관해 둔다). 바람이 많이 불면 통이 날아갈 수 있으니 바닥에 철제 고정 못을 연결해 더 단단하게 지탱해 줘도 좋다.

식물 이름표

아이스크림의 나무 막대나 대나무 칫솔 손잡이(솔을 제거한 것)를 씻어뒀다가 플라스틱 식물 이름표 대신 사용한다. 와인 병 코르크(플라스틱 마개는 안 된다.)를 챙겼다가 유성 매직펜으로 코르크에 식물 종류를 적은 뒤 뾰족한 대꼬치를 코르크의 좁은 면에 찔러 넣어 이름표를 만들어도 예쁘다.

그물

황마나 사이잘 섬유, 마직물로 뽑은, 밀랍을 바르지 않은 천연섬유 노끈으로 정원용 그물을 직접 만든다. 온라인에서 완두콩과 강낭콩 지주대, 과일나무 방조망, 격자 시렁을 만드는 자료를 찾을 수 있다. 재배가 끝나면 사용한 노끈은 퇴비통에 넣는다.

분무기

새 분무기를 사는 대신 집에 있는 병을 분무기로 활용하면 환경에 더 유익하다. 무독성 세척제가 들어있던 통은 괜찮지만, 시판 세제가 들어있던 통은 사용하지 않는다. 아무리 깨끗하게 씻어도 잔여물이 일부 남아있을지 모르고, 이런 통은 식물과 꽃가루 매개충에게 해로울 수도 있다.

친환경 정원을 가꾸는 다른 방법

동네 공기질 개선하기

- **자생종 나무나 산울타리 심기:** 도시에서 자라는 나무가 삼림지대에서 자라는 나무보다 유해 입자를 모으는 데 훨씬 큰 도움이 된다고 한다. 도시에 나지막한 산울타리를 심으면 대기오염의 영향을 줄일 수 있다. 자동차 배기가스가 배출되는 높이와 가깝고 배기가스 입자가 공기 중으로 퍼지기 전에 흡수할 수 있기 때문이다. 동네에 심을 수 있는 자생종 나무와 산울타리를 온라인으로 검색해 보자.

- **옥상 녹화:** 도시의 옥상을 정원화하면 공기 중의 먼지, 그을음 등 입자와 오염물질을 거르고 소음 공해를 줄이는 데 도움이 된다. 옥상 녹화는 방수층, 방근층, 배수판, 육성 토양층으로 이루어진다. 겨울에는 옥상 녹화가 열 손실을 막아주고 여름에는 시원한 공기가 빠져나가지 않도록 해준다. 옥상 녹화용으로는 대개 손이 많이 가지 않는 돌나물, 다육식물, 허브, 야생화, 잔디를 심지만, 샐러드용 작물과 딸기를 심을 수도 있다. 이렇게 하면 꽃가루 매개충을 정원으로 불러들이기 좋다.

  집에 옥상 녹화를 할 공간이 없다면 창고나 차고, 정원 건물 위에 설치해도 괜찮다. 옥상 녹화를 할 수 있는 조립식 건물을 구입하거나 옥상 녹화 건물로 개조하는 방법을 알려주는 온라인 자료를 찾아보자. 통나무 보관 창고, 쓰레기통, 찬장, 자전거 보관 창고, 아이의 장난감 집에 설치할 수도 있다.

- **수직 정원:** 발코니 정원이나 울타리 패널, 벽에 조성하기 좋은 수직 정원은 자투리 공간을 활용한다. 다양한 허브, 꽃, 채소를 수직 정원에서 잘 키울 수 있다. 목재 펠릿이나 책장, 나무 사다리를 활용하거나 긴 홈통을 이어 붙여서 직접 수직 정원을 만들어보자. 온라인에서 제작 영상을 찾거나 조립식 세트를 구입해 시작하는 방법도 있다.

친환경 조경 자재 선택하기

- **재생 재료:** 오솔길을 조성할 때는 주택

용 벽돌, 높임 화단을 만들 때는 목재 침목(철도 침목)이나 펠릿 등 가능하면 재생 재료를 사용한다.

● **천연 재료:** 나무껍질, 우드 칩 같은 천연 재료로 오솔길을 깔고, 직접 구매하고 싶다면 현지 수목 관리 전문가에게 문의한다. 조개껍데기도 좋은 천연 재료로, 멀칭 재료나 오솔길을 조성할 때 사용할 수 있다(해변에서 줍지는 말길). 포장용 돌 틈을 메울 때 시멘트 대신 모래를 쓰거나, 생명력 있는 파티오를 만들어보자. 돌 사이에 타임이나 로만카모마일처럼 손이 덜 가고 꽃가루 매개충을 불러들일 수 있는 지피식물을 심는다.

● **나무 선택:** 사용하는 나무가 FSC(국제산림관리협회)나 PEFC(국제산림인증연합 프로그램)에 등록된 나무인지 확인한다. 이 두 기관에 등록된 나무는 엄격한 환경, 사회, 경제 요건에 부합하는 숲에서 벌목한 것이다.

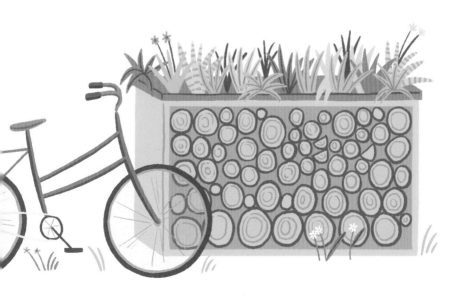

2.
흙과 비료

건강한 토양

처음 정원을 가꾸기 시작했을 때만 해도 나는 내가 뭘 하고 있는지 정확히 알지 못했다. 그저 내 눈에 예뻐 보이는 식물을 사다 심었는데, 안타깝게도 대다수는 제대로 자라주지 않았다. 내가 식물의 성장에 꼭 필요한 것을 제공하지 않았기 때문이다. 바로 양분이 가득한 건강한 흙 말이다.

건강한 흙은 토양 구조가 좋고 습기를 머금고 있으며 양분을 뿌리에 전달한다. 조금만 시간을 들여 정원의 흙 상태를 살펴보자. 운 좋게 건강하고 비옥할 수도 있겠지만, 무언가 부족할 수도 있다. 이때 토양의 종류와 pH, 이 두 가지 요소를 중점적으로 살펴봐야 한다. 둘 다 정원의 토양 시료를 채취하여 간단한 검사를 하면 알 수 있다. 결과를 토대로 어떤 식물을 심을지 계획하고, 어떤 양분이 부족한지 파악해 토양을 개량하자.

토양 개량제는 유기질로 만들며, 흙 속에 섞거나 흙 표면에 멀칭 재료로 뿌리기도 한다. 36~39쪽에 해변에서 채취한 해초부터 깎은 잔디, 부엽토, 버섯 퇴비까지 유기질을 섞는 다양한 방법을 소개한다. 모두 환경에 해를 끼치지 않고 저렴하면서도 효과가 좋다.

토양이 건강하면 식물은 필요한 모든 양분을 흙에서 얻을 수 있다. 하지만 기상 상황이 나쁘고 토양이 침식되면 흙 속 필수 영양분이 줄어 식물에 영양제를 줘야 할 수도 있다. 정원에서 자라는 식물이나 잡초, 심지어 음식 찌꺼기로도 쉽게 유기질 비료를 만들 수 있다. 쐐기풀, 컴프리, 달걀 껍데기, 커피 가루는 모두 필수 비타민이 풍부해 농축 액체 비료의 재료로 종종 쓰인다(40~45쪽 참고).

토양 종류 식별하기

식물은 흙이 잘 맞지 않으면 제대로 자라지 못하므로 정원의 토양 종류를 식별하는 일은 무엇보다 중요하다.

아래에 나오는 방법으로 토양 종류를 알아낼 수 있다. 정원 안에서도 토양 종류가 다양할 수 있으니 정원의 각기 다른 위치에서 여러 개의 시료를 채취하면 좋다. 더 자세히 분석하고 싶다면 토양 시료를 전문 토양 검사실에 보내보자.

토양 종류 확인하는 방법

정원에서 흙을 한 줌 가져온 뒤 물을 약간 섞는다. 한쪽 손에 올려둔 흙을 다른 손으로 꽉 쥐어 공 모양으로 만든다. 손을 벌리면 둥글게 빚은 흙이 다음 중 하나에 해당할 것이다.

- 공 모양을 잘 유지하고 있으면 식토(clay soil)
- 공 모양으로 뭉쳐지지만 모양이 오래 유지되지 않으면 양토(loam soil)
- 손에 쥘 때 스펀지처럼 부드럽고 폭신하면 이탄토(peat soil)
- 바로 흩어지면 백악토(chalky soil) 아니면 사양토(sandy soil)
- 미끈거리는 질감이고 뭉쳐지지 않으면 실트질토(silt soil)✿

토양 종류별 특징

- **식토:** 봄에 천천히 온도가 높아지며, 건조할 때는 단단해지면서 갈라지고, 배수가 느리다. 이른 봄에는 식재를 피하고 가을 겨울에는 토질 개선에 집중한다.
- **양토:** 봄에 빨리 온도가 높아지며, 양분이 많고 배수가 잘된다. 보수력도 적당하여 이상적인 토양이다.
- **이탄토:** 정원에서는 좀처럼 찾기 힘든

✿ 실트silt: 입자가 가늘고 고운 모래 –편집자

흙이지만 철쭉, 블루베리, 진달래속 식물처럼 호산성 식물을 키우기에 좋다.

- **백악토:** 알칼리성이고 돌이 많으며 배수가 잘된다. 백악토는 알칼리성이 강해 산성 토양에서 잘 자라는 식물을 키우기에는 적합하지 않다. 모종삽으로 흙을 가볍게 뒤집으면 흙 표면의 작은 백악 덩어리가 보일 것이다.
- **사양토:** 봄에 빨리 온도가 높아지고 배수가 잘된다. 유기질을 충분히 섞어주면 양분 함량과 수분 보유력이 올라간다.
- **실트질토:** 사양토보다 양분이 많은 실트질토는 배수가 잘되고 수분 보유력이 좋다. 하지만 입자가 미세해 잘 뭉치고 큰 비에 쉽게 휩쓸려 간다.

보통은 흙에 유기질(36~39쪽 참고)을 섞어 개량할 수 있다. 하지만 어떤 토양은 재배하려는 식물을 다시 정해야 할 수도 있다. 블루베리와 철쭉 같은 호산성 식물은 백악토에서는 잘 자라지 못하겠지만, 이탄토로 이루어진 정원에서는 쑥쑥 잘 자랄 것이다. 정원의 흙이 백악토라면 화분에 철쭉용 분갈이 배양토를 넣고 호산성 식물을 심으면 된다.

토양 개량하는 방법

- **식토:** 유기질을 넉넉히 넣고(36쪽 참고) 흙 위에 골고루 뿌린다. 삽으로 유기질을 흙 위쪽 20cm 부분에 섞는다. 이렇게 한 다음 봄에 새로운 식물을 심고, 가을에는 새 식물을 아예 심지 않는다. 수분 함량이 높은 점토질 흙에서 겨울을 버티지 못할 수도 있기 때문이다.
- **백악토:** 유기질을 넉넉히 넣는다. 멀칭을 잘해주고(36쪽 참고), 토끼풀이나 살갈퀴 같은 풋거름을 섞는다.
- **사양토:** 유기질을 주기적으로 섞고 멀칭을 해주면 흙의 수분을 유지하는 데 도움이 된다. 깨진 슬레이트 조각이나 자갈, 조약돌을 한 겹 깔아줘도 보수력이 높아진다.
- **실트질토:** 초봄이나 가을에 흙 위로 5~10cm 두께의 유기질을 깔아준다. 쇠스랑으로 찍어 넣거나 지렁이가 잘 섞도록 둔다.

토양의 pH 수치 파악하기

식물은 양분의 대부분을 흙에서 얻는데, 흙이 심한 산성이거나 알칼리성인 경우에는 토양 속 양분을 흡수하기 힘들다. 따라서 새로운 화단에 식물을 심기 전, 토양의 pH 수치를 검사해 개량이 필요한지 확인하면 좋다. 가꾼 지 오래된 화단의 채소나 식물이 잘 자라지 않을 때도 토양의 pH 수치를 검사해 보자. 근본 원인이 토성에 있는지도 모른다.

원예용품점에서 pH 측정기를 사거나 토양 시료를 전문 검사실에 보낼 수도 있고, 집에 있는 재료를 가지고 검사해도 된다(오른쪽 참고). 하지만 측정기가 있으면 더 정확한 결과를 얻을 수 있고 이후의 토양 개량도 더 쉬워질 것이다. 전문 토양 검사실에 토양 시료를 보내면 흙 속의 영양분과 유기질을 자세히 분석할 수 있다. 토양 시료 분석 서비스를 검색해 보자.

대부분의 식물과 채소는 pH 6~7.5인, 중성 토양에서 잘 자란다. 중성 pH 수치는 질소, 인, 칼륨 같은 필수 영양분이 쉽게 용해되어 식물에 빠르게 전달됨을 의미한다. 토양의 pH 수치를 확인한 뒤 토양을 개량해 pH 수치 6~7.5로 만들어보자.

산성 토양(pH 7 이하)

- **석회:** 흙 위에 뿌리거나 흙 안에 섞는다. 2~3개월간 석회가 토양의 산성을 중화시키도록 둔다. 온라인이나 원예용품점에서 구할 수 있다.

- **바이오 숯:** 흙 안에 섞어 넣는다(자세한 내용은 36쪽 참고).

- **나뭇재:** 늦겨울에 모닥불이나 화목 난로에서 꺼낸 나뭇재를 채소 화단에 뿌린 뒤 쇠스랑으로 찍어 넣거나 흙을 파서 넣는다. 다만 감자가 자라는 땅에는 사용하지 않는다. 감자는 알칼리성이 강한 토양에서 창가병*이 생길 수 있기 때문이다.

알칼리성 토양(pH 7 이상)

- **퇴비:** 겉흙에 숙성 퇴비를 부어 재배지에 골고루 뿌린다(퇴비 만드는 방법은 50~55쪽 참고).
- **입상 유황:** 흙 속에 잘 섞거나 흙 표면에 골고루 뿌린다. 온라인이나 원예용품점에서 구할 수 있다.

토양 pH 수치를 중성으로 유지하려면 매년 석회나 유황을 다시 섞어야 한다. 가을이나 재배 기간이 끝난 뒤에 섞어 개량해야 효과가 제대로 나타난다. 개량 대신 블루베리, 진달래속 식물, 동백나무, 헤더✽✽ 같은 산성 토양에서 잘 자라는 식물을 심는 것도 좋다.

토양 pH 검사하기

준비물:

- 모종삽
- 용기 2개
- 증류 백식초
- 물
- 안 쓰는 숟가락
- 베이킹소다

1. 토양 시료 2개를 파서 용기에 하나씩 담는다.
2. 증류 백식초 250㎖(반 컵)를 한쪽 시료에 붓는다. 기포가 생기거나 거품이 일면 pH 7~8의 알칼리성 토양이다.
3. 두 번째 시료에는 물 250㎖(반 컵)를 붓고 젓는다. 베이킹소다 90g(반 컵)을 넣어 기포가 생기면 pH 5~6의 산성 토양이다.
4. 아무 반응도 일어나지 않으면 중성 토양이다.

✽ 감자의 덩이줄기에 부스럼처럼 생기는 병 -편집자
✽✽ 스코틀랜드 광야에 자생하는 석남과의 작고 낮은 종 모양 꽃 -편집자

유기질과 멀칭(바닥덮기)

식물이 잘 자라는 질 좋고 건강한 흙을 제공하기란 쉽지 않다. 정원에는 보통 식물의 뿌리 조직이 흥건하게 잠기는 식토, 아니면 물이 너무 빨리 말라버리는 사양토가 있을 텐데(토양 종류를 식별하는 방법은 32~33쪽 참고) 흙에 유기질을 섞거나 뿌리를 덮어주는 방법으로 토성을 쉽게 개선할 수 있다.

유기질은 흙에 섞거나 멀칭용으로 쓴다. 흙에 유기질을 섞으면 토양이 비옥해지고, 필수 미생물에게 먹이를 공급해 준다. 비료는 아니지만 몇몇 유기질은 흙 속에 양분을 방출한다.

잡초의 성장을 막고 보수력을 높이려면 멀칭을 한다. 재배지의 잡초를 말끔히 제거하고 물을 충분히 준 뒤 유기질을 식물 주변에 깔아준다.

이제부터 흙에 섞거나 멀칭을 할 때 내가 사용하는 유기질을 소개한다. 구하기 쉬운 유기질도 있지만, 대부분은 집에서 쉽게 만들 수 있으며 비교적 저렴하거나 무료다. 카카오 열매와 조개 껍데기로 만든 멀칭 재료는 환경에는 유익하지만 고양이와 개에게 해로워 목록에 넣지 않았다.

바이오 숯

토성을 개선하고, 흙 속의 질소와 인을 지키며, 식물의 성장과 뿌리 발달을 돕는다. 바이오 숯은 산소가 거의 없거나 아예 없는 환경에서 식물 소재를 천천히 태워서 만든다. 바이오 숯을 흙에 섞으면 작물 수확량이 늘고, 잔류 농약이 분해되며, 온실가스 배출량까지 줄어든다. 온라인에서 전문 공급업체나 친환경 정원 관리 회사에서 생산하는 제품을 찾아보자.

판지와 종이

잡초의 성장을 억제하는 멀칭 재료로 사용된다. 판지나 종이 여러 장을 재배지에 깔아주면 빛을 차단하고 잡초를 죽일 수 있다. 판지나 종이는 여러 달에 걸쳐 분해되거나 지렁이가 잘게 부숴주므로 그 자리에 식물을 심을 수 있다. 일반 종이(하얀색이나 색깔이 들어간 것), 신문지, 일반 판지와 무광택 판지 모두 쓸 수 있다.

컴프리

개별 화단에 컴프리를 심는다(41~42쪽 참고). 컴프리는 잎이 썩으면서 흙에 질소, 인, 칼륨을 더해준다. 잎을 흙에 섞어 넣은 다음 식물을 심거나 식물 주변 흙 표면에 5cm 두께로 컴프리 잎을 한 겹 깔아 멀칭한다.

정원 퇴비

화단과 채소 화단에 퇴비를 섞어 토양 구조를 개선하고 지렁이를 불러들인다. 흙 속에 섞거나 식물 주변에 덮자(퇴비 만드는 방법과 재료는 48~55쪽 참고).

깎은 잔디

잔디는 흙에 질소와 인, 칼륨을 더해준다. 살충제나 제초제를 뿌리지 않은 잔디만 사용해야 하며, 잡초를 제거한 뒤 흙 위에 얇게 뿌려 멀칭한다. 2~3일 뒤에 다시 얇게 뿌리고, 일주일 뒤에 마지막으로 한 번 더 얇게 뿌려준다.

풋거름

풋거름은 잠깐 키워 잘게 부순 뒤 흙에 섞는 작물이다. 토양 구조를 개선하고 귀중한 질소를 더해 흙을 비옥하게 하며 잡초의 성장을 억제한다. 붉은토끼풀, 겨자, 호밀, 살갈퀴는 전부 훌륭한 풋거름 작물이며 봄부터 가을까지 파종한다. 풋거름 작물은 식물을 심기 최소 4주 전에 흙에 '섞어 넣어야' 한다.

부엽토

가을에 정원이나 집 근처 공원에서 낙엽을 모은다. 이웃에게 얻어도 좋다. 삼림지대의 나뭇잎은 야생동물을 위해 모으지 말고 남겨둔다. 생분해되는 황마잎 퇴비 자루에 담은 뒤(온라인에서 찾을 수 있다.) 물로 나뭇잎을 적셔준다. 나뭇잎이 분해되려면 1년쯤 걸릴 것이다. 나뭇잎이 분해되어 생긴 부엽토를 흙 속에 섞거나 식물 뿌리에 덮어준다. 부엽토는 흙에 많은 양분을 더하지는 않지만 훌륭한 토양 개량제다. 토양의 수분 보유력을 높이고 지렁이에게 소중한 서식지를 만들어주기 때문이다. 솔잎은 따로 모아두자. 솔잎은 산성 부엽토를 만들 수 있어 블루베리와 동백나무처럼 호산성 식물의 뿌리 덮개로 쓰기에 이상적이다.

버섯 퇴비

버섯 농사의 부산물인 버섯 퇴비는 흙과 섞어 멀칭용으로 쓸 수 있지만, 블루베리와 진달래속 식물, 철쭉처럼 호산성 식물 근처에서는 사용을 삼가야 한다. 버섯 퇴비는 인과 질소, 칼륨이 풍부하며 온라인에서 구매 가능하다.

해초

갓 채취한 해초는 정원에서 효과 만점이다. 해초는 흙 속에서 분해되면서 양분과 호르몬을 분비해 식물의 성장을 돕는다. 해초는 엉겨 붙거나 날아가지 않으며 씨앗이 없어 잡초로 자라지도 않는다. 민달팽이와 벌레, 새가 해초 냄새를 좋아하지 않아서 해충 기피제 역할도 훌륭하게 해낸다. 바위에 붙은 해초를 따지 말고 해변에 떠밀려온 해초를 모으자. 간혹 해초 채취가 금지된 해변이 있으므로 지자체나 해변 소유주에게 확인한 뒤 채취하면 좋다.

전지한 가지

관목이나 산울타리에서 전지한 가지는 멀칭 재료로 사용할 수 있다. 하지만 채소 화단이나 한해살이 화초 화단에는 쓰지 않는다. 흙 속 필수 양분을 빼앗을 수 있기 때문이다. 자른 가지를 다 자란 관목이나 나무 주변에 뿌린다. 가지를 차곡차곡 쌓아 3~4개월가량 둔 뒤 재배지에 골고루 뿌려주면 된다.

지피작물

재배가 끝나 노는 화단이 있다면 지피작물을 심어 월동 준비를 한다. 지피작물은 잡초의 성장을 억제하고 흙을 비옥하게 하며 다양한 생물을 불러들이고 토양의 침식을 막는다. 늦여름이나 초겨울에 화단의 잡초를 제거한 뒤 지피작물 씨앗을 뿌린다. 토끼풀과 살갈퀴는 좋은 지피작물로, 대기 중의 질소를 흡수해 흙 속에 내보낸다. 한편 겨자는 점토질 흙이 있는 정원에 심기 좋다. 아주 이른 봄, 가능하면 작물이 꽃을 피우기 전에 지피작물을 흙에 섞거나 잘라서 흙 위에 놓은 뒤 지렁이가 섞도록 두자. 최소 한 달간 그렇게 둔 다음 새로운 작물을 심거나 파종한다.

천연 비료

비료는 식물을 건강하게 키우는 마지막 비결이다. 비료는 흙에 추가로 양분을 공급하면서 토성이나 비옥도에는 아무런 영향을 주지 않는다. 비료를 주면 식물이 더 튼튼하게 자라고 병에 걸리지 않으며 더 많은 결실을 거둔다.

모든 비료에는 양분이 농축되어 있다. 세 가지 주된 양분은 질소(화학 기호는 N, 잎의 발달을 돕고 잔디색을 푸르게 만듦), 인(화학 기호는 P, 뿌리의 성장을 도움), 그리고 칼륨(화학 기호는 K, 개화와 결실, 전반적인 식물 성장을 도움)이다. 칼슘과 마그네슘 같은 미량원소 형태의 양분을 필요로 하는 식물도 있지만 이런 양분은 대개 소량으로 충분하다.

유기농 정원을 가꾸기 위해서는 식물성 또는 동물성 원료로 만든 비료가 필요하다. 천연 비료는 인공 비료보다 효과가 천천히 나타나지만 더 오래 지속되며, 비가 와도 씻겨 나가지 않기 때문에 더 유익하다. 원예용품점에서 살 수 있지만, 영양가 가득한 비료를 집에서 쉽게 만들 수도 있다. 나는 정원에서 동물의 부산물을 일절 사용하지 않고, 음식물과 식물성 원료로만 비료를 만들며 폐기물의 양을 줄이는 데 집중한다.

수제 유기질 비료는 대부분 물을 넣어서 액상으로 만들 수 있다. 이런 비료차는 모아둔 빗물을 사용하면 제일 좋지만, 빗물통을 이용할 수 없다면 양동이에 찬물을 가득 받은 뒤 24시간 동안 두어 수돗물 속 염소를 증발시켜 사용한다.

바나나 껍질

비록 질소는 들어있지 않지만, 칼륨이 풍부한 바나나 껍질은 인과 칼슘의 좋은 공급원이기도 하다. 1ℓ짜리 큰 병에 바나나 껍질 두 개를 담은 뒤 물을 가득 받는다. 병 윗부분을 천으로 덮어 48시간 동안 두면 액체 비료가 된다. 껍질은 꺼내 퇴비 더미에 넣는다. 냉장고에 바나나 껍질을 보관했다가 필요할 때 만들어 쓴다. 가능하면 제초제나 살충제를 뿌리지 않은 유기농 바나나를 사용하자.

커피 가루

커피 가루에는 질소, 인, 칼륨, 그리고 다른 미량원소가 고루 들어있다. 건조된 커피 가루는 산성을 띠므로, 호산성 식물은 신선한 커피 가루를 수시로 넣어주면 좋아한다. 하지만 사용하고 난 원두는 pH 수치가 중성인 6.5로 변하므로 다른 실내, 실외 식물에도 비료로 사용할 수 있다. 물을 채운 커다란 양동이에 사용한 커피 가루 200g을 넣고 하룻밤 동안 뒀다가 아침에 분무기에 담아 잎에 바로 뿌린다.

컴프리

컴프리에는 질소, 인, 칼륨, 다양한 미량원소가 고루 들어있다. 컴프리는 쓸모가 많아 유기농 정원에서 키우면 좋지만, 심기 전에 몇 가지 주의할 점이 있다. 워낙 생명력이 왕성해 화분에서 키우기엔 적합하지 않으며, 걷잡을 수 없이 뻗어나가므로 고정된 자리에 심는 게 좋다는 걸 알아두자.

열매를 맺지 않는 컴프리 종을 사야 씨앗이 떨어져 자연 발아되는 상황을 피할 수 있다. 컴프리는 피부에 자극을 줄 수 있으므로 잎을 자를 때 장갑을 착용한다. 액체 비료를 만들려면 45쪽에 나오는 쐐기풀 비료차 만드는 방법을 참고하자. 컴프리를 키우고 싶지 않거나 심을 공간이 없다면 온라인 친환경 정원용품 쇼핑몰에서 컴프리 비료를 구매할 수 있다.

퇴비

퇴비에는 질소, 인, 칼륨뿐 아니라 유익한 박테리아와 미생물이 들어있다. 액체 비료를 만들려면 쓰지 않은 베갯잇에 퇴비를 채운 뒤(퇴비 만드는 법은 50~55쪽 참고) 노끈으로 윗부분을 묶는다. 양동이에 넣고 물을 채운 다음 2~3일간 놔둔다. 베갯잇을 제거하고 내용물은 퇴비 더미에 쏟는다. 양동이에 남은 액비는 깨끗한 물과 1:10 비율로 희석해서 바로 사용한다.

달걀 껍데기

칼슘이 풍부한 달걀 껍데기는 토마토와 피망에 비료로 쓰기 좋다. 달걀 껍데기를 모아 씻은 뒤 말린다. 껍데기가 많으면 믹서로 곱게 간 다음 뚜껑이 있는 유리 용기에 보관한다. 달걀 껍데기가 흙 속에서 완전히 분해돼 식물에 흡수되려면 오랜 시간이 걸리기 때문에 1년에 2회에 걸쳐 주면 좋다. 수확이 끝난 뒤 채소 화단이 비는 가을에 주고 봄에 한 번 더 주면 이상적이다. 달걀 껍데기 가루를 식물의 뿌리 주변에 골고루 뿌린다. 화분에서 자라는 채소를 심는 경우라면 달걀 껍데기 가루 약간과 유기질을 화분 바닥에 깐 뒤에 심는다.

잔디

질소와 인이 풍부하다. 양동이에 깎은 잔디를 채운 뒤 벽돌을 얹어 누르고 물을 부어 이틀 동안 둔다. 다른 양동이에 체를 얹어 물만 걸러내, 깨끗한 물과 1:10의 비율로 희석한다. 즉시 또는 이틀 내에 사용한다.

지렁이 분변토 차

지렁이 똥으로 만드는 영양분 가득한 비료차(지렁이 비료 만드는 법은 56~57쪽 참고). 무명천(모슬린)이나 성긴 주머니, 또는 안 쓰는 팬티스타킹에 지렁이 똥을 채우고 윗부분을 묶은 다음 물이 담긴 커다란 양동이에 넣는다. 밤새 그대로 두면 아침에 연갈색을 띤 물을 볼 수 있을 것이다. 주머니를 꺼내서 지렁이 똥은 퇴비통에 넣는다. 비료차와 물을 1:3의 비율로 희석해 48시간 안에 사용한다.

해초

해초는 칼륨, 마그네슘, 미량원소를 함유하고 있어 정원에서 사용하기 안성맞춤인 비료 중 하나다. 게다가 완벽하게 환경 친화적이며, 환경을 해치지 않고 수확할 수 있다. 해초 액비는 시중에서 쉽게 구할 수 있으며, 온라인에서 말린 해초와 과립을 구해 직접 해초차를 만들 수도 있다.

신선한 해초로 비료 만드는 법

반드시 지자체나 해변 소유주의 허가를 받아서 해초를 채취한다. 커다란 가방을 가져가고 고무장갑을 착용하자. 해초를 집어 올릴 때 살살 흔들어 해초 속에 숨은 해양 생물이나 플라스틱을 털어낸다(플라스틱은 해변에 그대로 두지 말고 안전한 방법으로 폐기한다). 집에 와서 맑은 물이 든 양동이에 해초를 넣고 1시간 정도 담가 소금기를 제거한다.

다음 단계에서는 큰 양동이 하나와 바닥에 구멍이 뚫린 조금 더 작은 양동이 하나가 필요하다. 작은 양동이를 큰 양동이 안에 포개 넣고, 해초를 작은 양동이에 옮긴 다음 맑은 물을 채운다. 뚜껑을 덮은 뒤 한 달 동안 그대로 둔다. 작은 양동이에서 따라낸 혼합액은 물과 1:5의 비율로 희석할 경우 흙에 직접 주고, 1:10의 비율로 희석해 잎에 분무한다. 남은 해초는 퇴비 더미에 얹는다.

쐐기풀 비료차

쐐기풀을 좋아하지 않는 사람이 많다. 생긴 것도 못난 쐐기풀은 따가운 가시까지 있어, 골치 아픈 잡초라고 생각해 정원에서 뽑아내 버린다. 하지만 유기농 정원에서는 두루두루 이로운 식물이라 남겨두면 유용하다. 우선 쐐기풀은 곤충의 서식지이자 중요한 식량원이 되며, 퇴비 더미에 섞으면 퇴비의 분해를 촉진하는 천연 활성제 역할을 한다. 잘게 자른 뒤 질소질 비료로 만들면 특히 유용하다.

본인의 정원에서 자라는 쐐기풀을 써도 되고 가족이나 친구, 이웃에게 나눔을 받는 방법도 있다. 화학 약품을 뿌렸을지도 모르니 풀숲에서 쐐기풀을 벨 때는 조심하고, 반드시 몸을 보호할 수 있는 긴팔 옷과 원예 장갑을 지참하도록 하자.

쐐기풀 비료차를 만들기에 가장 좋은 시기는 봄이지만, 쐐기풀은 자라는 동안 여러 번 수확할 수 있으므로 벨 때마다 양동이에 넣고 물을 채운 뒤 새 비료차를 만들어두자. 어린 쐐기풀로 골라서 베고, 씨앗을 맺었거나 꽃이 핀 쐐기풀은 피한다. 이 비료차는 어느 정도 자란 녹색 채소에 주고 모종에는 주지 않는다. 어린 식물에 주기에는 너무 독하기 때문이다.

쐐기풀 비료차 만드는 법

준비물:

- 전지가위
- 원예 장갑
- 쐐기풀 잎
- 큰 양동이 두 개(하나는 뚜껑이 있는 양동이 또는 쟁반 사용)
- 벽돌 또는 포장용 돌 하나
- 빗물(또는 수돗물)
- 체(원예용 거름망 또는 철망)
- 깔때기
- 뚜껑 있는 용기(플라스틱 우유통이나 유리병)

1. 쐐기풀을 뿌리 가까이에서 자른 뒤 각 포기를 여러 조각으로 잘게 썬다. 장갑을 낀 손으로 쐐기풀을 짓이긴다. 양동이가 거의 가득 찰 때까지 담는다.
2. 쐐기풀 위에 벽돌이나 포장용 돌을 얹어 누른다. 모아둔 빗물을 양동이에 부은 다음 뚜껑이나 쟁반으로 덮어 비바람이 들이치지 않는 정원이나 온실에 둔다.
3. 3~4주 뒤에 뚜껑이나 쟁반을 치운다(냄새가 지독하니 멀찌감치 떨어져라!). 다른 양동이에 큰 체를 받쳐 혼합액을 거른다. 용기에 깔때기를 얹은 다음 체에 거른 혼합액을 붓는다.

▌사용법

쐐기풀 비료차와 물을 1:10의 비율로 희석하여 식물에 주고, 1:20의 비율로 희석하여 잎에 분사한다. 재배 기간 동안 2주에 한 번씩 준다. 냄새가 지독해 손과 옷에 밸 수 있으므로 꼭 고무장갑을 착용하자.

3.
퇴비화

퇴비 만들기

음식물 쓰레기는 썩는 데 오랜 시간이 걸리고 그 과정에서 이산화탄소보다 환경에 더 해로운 가스인 메테인을 방출한다. 또 트럭으로 매립지까지 실어 나르거나 재활용을 위해 해외로 운송하는 과정에 엄청난 연료와 에너지가 든다. 가정용 퇴비화 장치를 마련하면 매립지에 보내는 음식물 쓰레기의 양을 대폭 줄일 수 있다.

야외에서는 손쉽게 퇴비를 만들 수 있다(52쪽 참고). 마땅한 정원이 없다면 실내에서 퇴비를 만드는 것도 가능하다. 조립식 지렁이 사육통은 몇 분이면 만들 수 있으며(56쪽 참고), 독립형 지렁이 사육통을 구입해도 된다. 실내외 좁은 공간에 설치하면 딱 좋다. 음식물 쓰레기를 발효해 퇴비화하는 장치인 보카시통은 실내에서 음식 찌꺼기를 퇴비화하기 좋은 방법이다(50쪽 참고). 음식물 처리기는 음식물 쓰레기를 가열, 건조, 살균 처리한 다음 곱게 갈아 약 4시간 뒤면 흙 속에 바로 넣을 수 있도록 만들어준다.

실내에서 퇴비를 만들고 싶지 않다면 지자체의 해당 기관에 연락해 음식물 쓰레기를 수거하는지 문의해 보자. 또는 인근 학교나 주말농장, 공동체 텃밭, 도시 농장에 음식물 쓰레기를 기부받아 퇴비화하는지 물어본다. 온라인에서 음식물 쓰레기를 무료로 수거해 퇴비를 제작하는 기업이 있는지도 검색해 보자. 가정, 사무실, 식당의 음식물 쓰레기를 수거해 가는 훌륭한 단체가 많다. 유료라고 해도 대부분 저렴하며 보통 사회적 기업에서 운영한다. 소셜 미디어의 지역 제로웨이스트 그룹에 참여하는 것도 추천한다. 지역의 다양한 퇴비화 사업 정보를 공유받을 수 있다.

퇴비화의 종류

▌실내 퇴비화

보카시(BOKASHI)

음식물 쓰레기를 퇴비화하는 일본식 퇴비 제조 방식으로, 협소한 공간에 적당하다. 보카시는 유용 미생물인 이엠 EM 원액을 넣어 발효시킨 쌀겨를 사용해 유기 폐기물을 단기간에 분해한다. 고기 뼈와 생선 뼈, 조리한 음식, 유제품 등 모든 음식물 쓰레기를 퇴비화한다. 보카시 발효통과 쌀겨는 온라인 쇼핑몰에서 구입할 수 있다.

방법은 간단하다. 음식물 쓰레기를 보카시통에 넣고 쌀겨 한 숟가락을 뿌린 뒤 뚜껑을 덮는다. 통이 꽉 찰 때까지 이 과정을 반복한다. 발효가 진행되는 동안 2~3일에 한 번씩 물이 너무 많이 생기진 않는지 확인하고 필요하면 따라 내 버린다. 이렇게 2주간 두면 음식물 쓰레기는 영양가 가득한 액비가 된다.

보카시 액비는 비료의 훌륭한 재료다. 물과 보카시 액비를 100:1의 비율로 희석한다. 이 용액은 악취 예방의 용도로 부엌과 욕실 배수구에 부어도 좋다. 보카시 액비를 정원에 묻고 2~4주 두었다가 그 위에 식물을 심자.

지렁이 사육

지렁이는 유기 폐기물을 영양가 가득한 비료로 바꿔준다. 지렁이가 만들어내는 이 거름은 지렁이 배설물 또는 지렁이 분변토라고 부르며, 식물에 필수적인 양분과 미네랄, 미생물을 다량 함유하고 있다. 지렁이 사육통은 원예용품점과 온라인에서 사면 되는데, 낡은 쓰레기통, 자동차 타이어, 나무 펠릿으로 쉽게 만들 수도 있다.

지렁이는 전문 사육업체의 온라인 쇼핑몰에서 구하거나 무료 나눔 단체에 문의해 보자. 정원의 흙에서 지렁이를 파내지는 말자. 이런 지렁이는 땅속 깊이 굴을 파서 살기 때문에 좁은 통 안에서 행복하게 살 수 없을 것이다. 가장 흔히 사육되는 종은 줄지렁이다 (붉은줄지렁이라고도 한다). 줄지렁이는 매일 자기 체중의 최대 절반 정도를 먹어 치우고 빠른 속도로 번식하므로 음식물 쓰레기 처리에 이상적이다.

지렁이 사육통은 제대로 관리하면 악취가 나지 않는다. 냄새가 나기 시작하면 공기구멍을 더 내고 두꺼운 종이를 잘게 잘라 약간 넣어준 뒤 음식물 쓰레기를 모두 처리할 때까지 일주일에 한 번으로 먹이 양을 줄인다. 음식물 쓰레기는 깔개 아래에 묻는다. 음식물 크기가 작을수록 지렁이가 더 쉽게 먹을 수 있다. 과일과 채소 찌꺼기는 블렌더나 믹서에 갈아 '지렁이용 스무디'를 만들어 넣는다. 몇 개월이 지나면 지렁이 분변토를 얻을 수 있다. 지렁이 분변토 수확 방법은 인터넷 영상을 참고하자.

야외에도 위생적으로 지렁이 사육통을 설치할 수 있다. 여름에는 지렁이 사육통을 직사광선이 비치지 않는 곳에 두고, 추운 날씨에는 오래된 카펫 또는 에어 캡으로 사육통을 감싸거나 창고 또는 차고에 옮겨 둔다.

지렁이 먹이로 줘도 되는 것

- 과일과 채소
- 달걀 껍데기
- 커피 가루 또는 찻잎
- 머리카락
- 두루마리 휴지 심(잘게 자른 것)
- 종이 달걀판(잘게 자른 것)
- 골판지(잘게 자른 것)
- 시든 실내 꽃 장식

지렁이 먹이로 주면 안 되는 것

- 고기
- 유제품
- 양파
- 너무 많은 감귤류 과일

  (과육은 괜찮지만 중과피와 껍질은 안 된다.)
- 지방 또는 기름

▮ 실외 퇴비화

야외에서는 저온성 퇴비화와 고온성 퇴비화 두 가지 방법을 쓴다. 각각 장단점이 있는데, 저온성 퇴비화는 관리가 쉽고 중간에 폐기물을 추가할 수 있는 반면, 고온성 퇴비화는 세심한 관리가 필요하고 모든 폐기물을 준비한 뒤 시작해야 한다. 고온성 퇴비화가 훨씬 질이 좋다.

저온성 퇴비화

퇴비통이나 퇴비 더미에서 한다. 퇴비통은 수분과 열을 머금고 있어 더 빨리 퇴비화가 이루어지지만 회전식 퇴비통이 아닌 한 뒤집기가 힘들다. 퇴비 더미는 뒤집기는 쉬우나 비바람에 노출되어 퇴비가 너무 젖거나 마를 수 있다.

공간 활용이 힘들거나 초보자라면 퇴비통을 쓰자. 재활용 플라스틱, 나무 벌통, 적재형 상자 등 많은 종류 중에 마음에 드는 것을 고른다. 지자체에서 저렴한 가격에 퇴비통을 팔기도 한다. 아니면 온라인에서 제작법 영상을 찾아 플라스틱 보관함이나 쓰레기통으로 직접 만들 수도 있다. 정원이 크다면 퇴비 더미를 만들자. 울타리를 치면 깔끔하게 관리할 수 있고 뒤집기도 쉽다. 낡은 펠릿이나 철망을 나무틀에 고정해 울타리를 만들거나, 원예용품점에서 조립형 목재 상자를 산다.

퇴비통이나 퇴비 더미는 배수가 잘되고 바닥이 평평한 그늘에 둔다. 정원 흙을 한 삽 떠 넣어 지렁이가 일할 수 있도록 해주자. 폐기물을 얇게 펴서 넣고, 가능하면 녹색 재료와 갈색 재료를 1:1 비율로 넣는다(54~55쪽 참고). 음식물 쓰레기, 깎은 잔디, 잡초 등의 녹색 재료는 질소 함유량이 높고, 신문지, 판지, 마른 잎 등의 갈색 재료는 탄소 함유량이 높다. 한 달에 한 번 퇴비 더미를 뒤집어서 새로 넣은 유기질을 잘 섞는다. 그러면 공기가 순환되고 과도한 수분 제거 및 필수 미생물 활성화가 가능하다. 저온성 퇴비는 6

개월~2년이 지나야 완전히 숙성되어 사용할 수 있다.

고온성 퇴비화

저온성 퇴비보다 생성 기간이 짧다. 고온성 퇴비는 3~6주면 사용 가능하지만, 제대로 만들려면 요령이 필요하다. 일단 더 큰 퇴비통이나 퇴비 더미를 해가 잘 드는 곳에 둔다. 폐기물을 중간에 추가할 수 없으므로 모든 재료를 갖춰두자. 갈색 재료와 녹색 재료를 2:1 비율로 섞는다. 재료를 가늘게 썰거나 잘게 토막 내야 빠르게 퇴비화된다.

잔가지나 큰 가지를 더미 밑에 깔면 공기 순환이 잘된다. 그다음 갈색 재료를 더 넣고 재료들이 물기를 짠 스펀지처럼 될 때까지 물을 넣는다. 그리고 녹색 재료를 약간 넣은 뒤 물기가 없다면 물을 넣는다. 퇴비 더미가 쌓일 때까지 이 과정을 반복한다.

이 더미를 3~4일간 그대로 두고, 2~3일에 한 번씩 뒤집어준다. 오래된 카펫이나 방수천으로 덮어 빗물이 들어가지 않도록 한다. 퇴비를 뒤집을 때 열이나 증기가 발생할 수 있으며, 온도를 55~63도로 맞춰야 제대로 고온 발효된다. 정확한 온도 측정을 위해 퇴비 온도계를 구입하거나 금속 봉 또는 막대를 퇴비 더미 가운데에 꽂아 막대를 뺐을 때 뜨거운지 확인한다. 뜨겁지 않다면 녹색 재료를 추가한 뒤 같은 과정을 되풀이한다. 3주 후면 퇴비를 쓸 수 있다.

퇴비화할 수 있는 재료

음식물 쓰레기, 깎은 잔디, 신문지가 퇴비의 재료인 건 흔히 알지만, 그 밖에도 퇴비통에 넣을 수 있는 재료가 다양하다는 사실은 모르는 사람이 많다.

이제부터 퇴비통과 퇴비 더미에 넣을 수 있는 일상용품 및 퇴비화가 가능한 의외의 재료 몇 가지를 알아보자.

반드시 길게 썰거나 잘게 토막 내어 퇴비에 섞어줘야 분해 속도가 빨라진다. 조리한 음식이나 고기, 유제품은 넣지 않는다. 자칫 악취를 풍기고 해충이 꼬일 수 있다.

▌녹색 재료

실외

- 깎은 잔디
- 잡초(씨가 없는 것)
- 한해살이풀과 여러해살이풀
- 해초

실내

- 채소와 과일 찌꺼기
- 바나나 껍질
- 아보카도: 과육과 씨앗에서 껍질을 분리한 뒤 길쭉하게 잘라 넣기
- 마늘: 통으로 넣으면 다시 싹을 틔울 수 있으므로 잘게 다져 넣기
- 커피 가루
- 찻잎/티백(플라스틱 무첨가 재료만)
- 달걀 껍데기
- 실내용 화초에서 잘라낸 가지나 줄기
- 꽃다발
- 연말용 화초: 상록수 화관, 리스 등

갈색 재료

실외

- 짚/건초
- 마른 잎
- 솔잎/솔방울
- 견과 껍데기(잘게 부수고, 호두 껍데기는 식물에 해로우니 사용하지 말 것)

실내

- 종이: 신문지, 인쇄용지, 커피 필터, 냅킨, 컵케이크/머핀 포장지, 포장용지, 광고물
- 판지: 시리얼 상자, 포장용 피자 상자, 달걀판
- 퇴비화할 수 있는 포장지: 식물성 원료로 만든 샌드위치 포장지, 농산물 주머니, 테이크아웃 커피 컵, 빨대 등
- 면직물, 리넨, 삼베, 모직물
- 말린 꽃
- 노끈/황마
- (나일론 솔을 제거한) 대나무 칫솔 손잡이
- 종이로 만든 면봉
- 두루마리 휴지 심
- 빗자루나 청소기 속 먼지 또는 머리카락
- 연필 깎은 부스러기
- 청소나 설거지용 식물성/다회용 스펀지
- 설거지용 나무 솔의 탐피코 섬유❖
- 천연 고무장갑
- 사용한 성냥
- 나뭇재
- 깎은 손톱
- 깎은 수염

❖ 멕시코가 원산지인 용설란과 식물 아가베의 잎에서 추출한 섬유 -편집자

실내 지렁이 사육통 만들기

아주 간단하게 지렁이 사육통을 만들 수 있다. 나무나 플라스틱으로 만든 단순한 상자 형태가 제일 좋지만, 커피통이나 플라스틱 초콜릿 상자 같은 용기(크리스마스 시즌에 판매하는 대형 사이즈), 또는 안 쓰는 설거지통도 괜찮다. 뚜껑이 없는 용기로 만든다면 다른 생활용품을 뚜껑으로 활용해 보자. 사육통에 물기가 너무 많이 생기면 다른 용기로 바꾼다(지렁이 분변토 차 만드는 방법은 43쪽 참고).

지렁이가 숨을 쉴 수 있도록 용기에 반드시 공기구멍을 내고 바닥에는 물구멍을 뚫어줘야 한다. 지렁이는 밝은 곳을 좋아하지 않으므로 상자는 건조하고 어두운 곳에 두자. 부엌 수납장이나 계단 밑 찬장이 제일 적당하다.

지렁이 비료 만드는 법

준비물:

- 플라스틱 보관함 두 개 또는 서로 포개지는 재활용 용기 두 개(둘 중 하나는 뚜껑이 있는 것)
- 12mm짜리 드릴 날이 달린 전기 드릴
- 물을 담은 분무기
- 퇴비와 찢은 신문지를 섞은 지렁이 깔개 재료(코이어도 가능)
- 모종삽
- 음식물(51쪽 참고)
- 퇴비 생산용 지렁이(줄지렁이, 51쪽 참고)

1. 용기 뚜껑에 일정한 간격으로 여러 줄의 구멍을 뚫는다.
2. 안쪽 용기 바닥에 배수구를 여러 개 뚫는다. 용기를 옆으로 눕힌다. 옆면에 위아래로 같은 간격의 구멍을 두 줄 뚫는다. 처음 뚫은 구멍 줄에서 2.5㎝ 아래에 또다시 한 줄로 구멍을 내면 된다.
3. 안쪽 용기의 각 면에 돌아가며 모든 면에 구멍을 뚫는다. 바깥쪽 용기까지 뚫리게 한다.
4. 지렁이 깔개가 축축한 스펀지처럼 될 때까지 물을 뿌린 뒤 바닥이 평평한 5㎝ 깊이의 용기에 깔개를 넣는다. 모종삽으로 한쪽 구석에 작은 구덩이를 파서 안에 먹이를 붓고 깔개로 덮는다.
5. 지렁이와 지렁이가 자리 잡은 깔개를 미리 깔아놓은 깔개 위에 붓는다. 용기의 뚜껑을 덮어 선택한 위치에 놓는다.
6. 매주 한 번씩 한쪽 구석에 작은 구덩이를 파서 음식물을 넣은 뒤 깔개로 덮어준다. 지렁이의 수가 늘어날수록 음식물의 양도 늘린다.
7. 바깥 용기 속 침출액(흘러나오는 액체)을 매주 확인한다. 안쪽 용기를 빼내고 침출액을 전부 양동이나 물뿌리개에 부은 다음 안쪽 용기를 교체해 준다. 침출액과 물을 1:10의 비율로 희석해 실내외에 있는 식물에 주면 된다.
8. 지렁이 분변토는 몇 달이 지나야 사용할 수 있다. 지렁이 분변은 영양분 많고 비옥한 흙과 비슷한 모양이다. 분변토 수확 일주일 전에 음식물 쓰레기를 통 한구석에 넣으면 지렁이가 그쪽으로 몰려 통의 나머지 부분이 비게 된다. 이때 모종삽으로 분변을 퍼내 비료로 사용하거나 지렁이 분변토 차를 만든다.

4.
씨앗

식물의 탄생은 씨앗

파종은 차분하게 무언가를 돌보는 활동이다. 씨를 뿌리면서 우리는 자연과 다시금 연결되고 지금 이 순간을 충실히 살 수 있다. 나는 토마토부터 적화강낭콩, 야생화, 코스모스까지 온갖 씨앗을 뒷마당에 심는다. 씨앗이 잘 자라고 있는지 확인하고, 연한 새싹이 올라오는 모습을 지켜보는 일상을 사랑한다.

씨앗을 고르는 일은 늘 즐거워서 자제력을 잃고 필요 이상으로 많은 씨앗을 사기 쉽다. 친환경 정원사에게는 음식물 쓰레기를 줄이는 일이 최우선이므로 자신이 쓸 공간의 크기를 생각하여 씨앗을 사도록 하자. 활용할 공간이 좁거나 화분에서 씨앗을 키울 거라면, 몇 달을 기다려 얼마 되지 않는 수확물을 얻는 작물보다는 상추, 시금치, 루콜라처럼 몇 번이고 잘라 먹을 수 있는 작물 위주로 심는다.

슈퍼마켓용 농산물이 유통되는 방식 역시 생각해 봐야 한다. 현지의 과일과 채소를 수입하는 데 필요한 운송과 냉장은 모두 환경에 영향을 미친다. 케일은 재활용되지 않는 플라스틱에 포장되고, 방울토마토와 딸기류는 플라스틱통에 담겨 나오며, 브로콜리는 수축포장된다. 모두 집에서 키우면 과도한 포장을 줄일 수 있는 채소들이다.

잡종이나 비유기농 종자보다는 유기농이나 토종 종자를 선택한다(62쪽 참고). 작물의 씨앗은 모아뒀다가 다음 해에 심고, 사용 기한이 지난 씨앗은 아직 쓸 수 있을지도 모르니 보관해 두자(75쪽 참고).

노련한 정원사라 해도 씨앗을 발아시키는 과정이 마냥 쉽지만은 않다. 도움이 될 만한 나만의 비법을 적어두었다 (72쪽 참고).

씨앗 선택과 파종

씨앗은 지구에 미치는 피해를 거의 고려하지 않고 판에 박은 듯 단일종을 경작하는 농장에서 재배되며, 살충제와 제초제를 대량 살포한 식물에서 얻는다. 이렇게 재배되는 씨앗은 훈증 소독이나 농약으로 해충을 쫓고 병해를 예방한다.

이런 사실을 알면 환경에 덜 해로운 방식으로 재배한 씨앗을 찾게 될 거다. 유기농 씨앗은 물이나 공기, 토양을 오염시키지 않는 방식으로 키운 자연 수분한 식물에서 얻는다. 합성 비료나 살충제를 전혀 뿌리지 않으며, 그 씨앗에도 약품 처리를 하지 않는다. 토종 씨앗은 자연 수분하며 최소 50년은 된 식물에서 얻기에 식용일 경우 풍미와 영양가가 뛰어나다. 토종 씨앗은 유전자 조작과 교배, 약품 처리를 하지 않으므로 유기농 토종 작물의 씨앗을 모으는 것이 좋다.

파종은 실내 파종과 노지 직파, 두 가지로 한다. 실내 파종은 시기적으로 더 빨리 이루어지며 직파는 씨앗을 노지에 직접 심는다. 씨앗 봉투 뒷면에 적힌 실내 파종과 직파 시기를 확인하자.

실내 파종 요령

- **통기성**: 모종 주변에 공기가 잘 통하지 않으면 흙이 계속 축축해서 병이 생길 수 있다. 따뜻한 날에 창문을 열거나 회전식 선풍기로 미풍을 틀어준다.

- **빛**: 모종은 햇볕을 충분히 받아야 잘 자란다. 햇볕이 잘 드는 창턱에 모종판이나 화분을 놓고 방향을 수시로 돌려줘야 모종 줄기가 웃자라는 것을 피할 수 있다 (73쪽 참고). 낮은 조도가 문제라면 온라인에서 쉽게 구매할 수 있는 식물 생장등을 설치하는 것도 좋다.

- **파종용 배양토**: 일반적인 분갈이용 배양토는 모종이 자라기엔 지나치게 기름지고 입자가 굵다. 나는 주로 직접 만든 퇴

비(48~55쪽)와 부엽토(37~38쪽 참고), 모래를 섞어서 씨앗 파종용 배양토를 만들어 쓴다. 체에 거른 퇴비와 부엽토, 모래를 양동이나 커다란 용기에 같은 비율로 넣어 섞고 뚜껑을 덮은 뒤 시원하고 건조한 곳에 보관한다.

퇴비와 부엽토가 없어 배양토를 만들 수 없다면 원예용품점과 친환경 정원용품 판매 사이트에서 파종용 배양토를 구입한다. 환경을 생각하는 정원사를 위한, 양모나 바이오 숯(36쪽 참고)으로 만든 친환경 파종용 배양토가 있다.

- **온도:** 씨앗은 따뜻해야 싹이 돋는다. 실내에서는 냉장고 위가 좋지만, 씨앗을 많이 틔울 계획이라면 모종판이나 온열 매트를 마련하는 것도 고려하자. 둘 다 일정한 온도를 유지하고 발아하는 속도를 앞당겨 발아 성공률을 높여준다.
- **물:** 분무기를 사용해 씨앗 위에 살살 뿌린다. 발아가 시작되면 화분째 물에 담가 뿌리에 바로 물이 가도록 저면관수를 해준다(69쪽 참고).

노지 직파 요령

- **재배지:** 채소 화단의 잡초를 제거하고 흙을 뒤엎는다. 갈퀴로 땅을 평평하게 고르고 흙을 축축하게 적신 다음 파종한다.
- **물:** 씨앗이 발아할 때까지 흙을 촉촉한 상태로 유지하고, 흙이 말라 보일 때마다 물을 뿌려준다.
- **온도:** 지역마다 기온이 조금씩 다르다. 나는 남부보다 기온이 천천히 오르는 잉글랜드 북부 지역에 사는데, 우리 지역의 이상적인 생육 환경이 남부에 비해 2주가량 늦게 찾아온다는 걸 발견했다. 그래서 나는 항상 씨앗 봉투에 적힌 파종 시기보다 2주 늦게 파종한다. 노지에 파종할 때는 거주 지역의 환경을 파악하고, 일기예보의 서리 주의보를 확인해야 한다. 온라인에서 자신이 사는 지역의 식물 내한성 구역을 찾아보자.

파종 용기

파종 용기로 활용할 수 있는 생활용품을 알아보자.

일회용 플라스틱 용기

플라스틱 과일통, 포장 용기와 즉석식품 용기는 모종판으로 활용하기 좋으며, 투명한 플라스틱 뚜껑이 달린 용기는 식물 보호용 덮개로도 쓸 수 있다. 작은 요구르트 병은 해바라기, 토마토, 피망, 호박씨를 심어 발아시키는 종자 스타터로 쓰기 좋다. 플라스틱 용기를 씻은 뒤 바닥에 배수구를 뚫고 씨앗을 뿌리면 되는데, 선택한 용기에 파종용 배양토를 채우고(62~63쪽 참고) 물을 살짝 뿌린다. 씨앗 봉투에 적힌 대로 씨앗을 심고 다시 물을 분무한 다음 햇볕이 잘 드는 곳에 둔다.

커피 캡슐

버려지는 일회용 커피 캡슐 양이 어마어마하다. 복합 소재로 만들어져 재활용이 어려운 커피 캡슐을 종자 스타터로 활용해 보자. 커피 가루는 퇴비를 만들고 커피 캡슐은 씻어서 물기를 말린다. 날카로운 바늘이나 송곳으로 캡슐 바닥에 구멍을 하나 뚫고, 파종용 배양토를 넣은 뒤 물을 살짝 분무한다. 씨앗 봉투에 적힌 대로 씨앗을 심고 다시 물을 분무한 다음 햇볕이 잘 드는 곳에 둔다. 옮겨 심을 수 있을 정도로 모종이 자라면 캡슐 바닥을 살짝 비틀어 배양토를 꺼낸다. 바질, 차이브, 고수 같은 허브를 심기 좋다.

두루마리 휴지 심(생분해성)

두루마리 휴지 심의 한쪽 끝을 2.5cm씩 네 번 잘라 날개를 네 개 만들고, 시계 방향으로 돌아가며 각 날개를 안쪽으로 접어 바닥처럼 밑면을 막는다. 파종용 배양토를 넣은 뒤에 물을 살짝 분무한다. 설명대로 씨앗을 심고 다시 물을 살짝 뿌려 햇볕이 잘 드는 곳에 둔다. 휴지 심은 자연 분해되므로 노지나 화분에 모종을 그대로 옮겨 심어도 된다. 이 방법은 모든 씨앗에 유용하게 쓸 수 있다.

달걀 껍데기(생분해성)

허브와 샐러드 씨앗을 키우기에 좋다. 달걀 껍데기는 흙에 바로 넣을 수 있고, 분해되면서 식물에 추가로 양분을 공급한다. 달걀 윗부분을 톡톡 두드려 깬 뒤에 달걀 내용물은 그릇에 부어 한쪽에 둔다. 빈 달걀 껍데기를 깨끗한 물에 씻은 뒤 말린다. 껍데기 아랫부분에 조심스럽게 작은 물구멍을 뚫고 (바늘이나 송곳을 쓰면 편하다.) 달걀판에 다시 담은 뒤 물을 살짝 분무한다. 각각의 달걀 껍데기에 파종용 배양토를 채운 다음 씨앗 봉투에 적힌 대로 씨앗을 심는다. 다시 물을 살짝 뿌려주고 햇볕이 잘 드는 곳에 둔다. 모종을 옮겨 심을 준비가 되면 달걀 껍데기를 조심스럽게 깨서 땅이나 화분에 바로 넣는다.

신문지(생분해성)

신문지 두 장을 평평한 바닥에 놓고, 길게 삼등분해 자른다. 가장 가까이 있는 신문지 끝에 통조림 캔을 눕힌다. 이때 병을 선물 포장한다고 생각하며 캔 위쪽으로 신문지 여분을 2.5cm 정도 남긴다. 남는 신문지는 바닥이 되도록 안쪽으로 접어 밑을 막아준다. 캔 위로 신문지를 돌돌 말아 캔을 완전히 감싸는데, 이때 신문지를 너무 팽팽하게 말면 캔을 빼내기 힘드니 주의하자. 신문지 끝을 안쪽으로 단단히 접어 화분 바닥을 만들어준다. 똑바로 세운 뒤에 캔을 밀어서 빼내면 캔 크기

의 신문지 화분이 된다. 여기에 파종용 배양토를 채우고 물을 살짝 분무한다. 설명에 따라 씨앗을 심고 물을 뿌린 다음 햇볕이 잘 드는 곳에 둔다. 신문지는 자연 분해되므로 모종은 노지나 화분에 그대로 옮겨 심는다. 모든 씨앗에 유용하게 쓸 수 있다.

씨앗 테이프 만들기

정원사들은 씨앗을 일정한 간격으로 심고 쓰레기를 최소화하기 위해 씨앗 테이프를 활용한다. 생분해되는 씨앗 테이프를 직접 만들면 종자를 마음껏 선택해 심을 수 있다. 자세한 파종법과 파종 간격은 씨앗 봉투에 적힌 설명을 따르자.

준비물:

- 일반(다목적) 밀가루 3작은술
- 오목한 그릇
- 작은 미술용 붓
- 물 1작은술
- 무표백 두루마리 휴지
- 씨앗

1. 밀가루와 물을 그릇에 담고 잘 섞어 밀가루 풀을 만든다.
2. 두루마리 휴지를 적당한 길이로 푼 뒤에 길게 반으로 접었다가 펼친다. 접힌 자국으로 나뉜 두 면 중에서 한쪽만 택해, 미술용 붓을 가지고 가운데에 일정한 간격으로 밀가루 풀을 콕콕 찍는다.
3. 밀가루 풀 위에 씨앗을 하나씩 놓고, 반대 면으로 덮어 밀봉한다. 풀이 마르도록 두었다가 씨앗 봉투에 적힌 대로 심는다.

파종하기

일반적인 실내 파종 방법을 먼저 알아보자. 각 작물의 파종 방법은 6장, 식용 정원의 내용을 참고하고, 구체적인 파종법은 반드시 씨앗 봉투에 적힌 설명을 참고하자.

실내 파종

준비물:

- 파종용 배양토(62~63쪽 참고)
- 양동이
- 물
- 씨앗
- 물을 채운 분무기
- 식물 이름표(25쪽 참고)
- 모종삽
- 용기(작은 씨앗은 모종판, 큰 씨앗은 개별 화분 이용)

1. 파종용 배양토를 양동이에 담고 물을 약간 넣어 섞는다. 배양토를 촉촉하게 만든 다음 파종하면 수분 보유력이 높아져 씨가 싹을 틔우는 데 도움이 된다.
2. 선택한 용기에 **1**을 채운다. 작은 씨앗은 띄엄띄엄 파종하고 분갈이용 배양토로 가볍게 덮어준다. 큰 씨앗은 용기 하나당 씨앗 두세 개를 떨어뜨린 뒤 분갈이용 배양토로 살짝 덮는다.
3. 흙 표면에 물을 조금 분무하고 햇볕이 잘 드는 창턱에 둔다. 각 용기에 식물 이름과 파종 날짜를 붙여둔다.
4. 매일 흙이 촉촉한지 확인하고 위에서 물을 뿌려준다.
5. 씨앗이 발아하면 화분째 물에 담그는 저면관수로 바꿔 식물의 뿌리를 튼튼하게 해주고 병해를 예방한다. 쟁반이나 대야에 물을 5㎝가량 붓고, 모종판이나 화분을 그 안에 넣는다. 배양토가 진갈색이 되면 식물이 물을 충분히 흡수한 것이다.

옮겨심기, 거름주기, 환경 적응시키기 ━━━━

모종 옮겨심기

모종이 내는 최초의 잎은 떡잎이다. 그다음에 나오는 잎을 본잎 또는 성체 잎이라고 하며, 본잎의 모양과 냄새는 해당 식물 종과 흡사하다. 모종에서 본잎이 2~3쌍 나오면 화분 바닥에서 뿌리가 올라오는 게 보이는데, 그때 더 큰 화분으로 옮겨 심자.

처음 화분보다 25~30%가량 큰 화분을 고른다. 토마토, 피망, 해바라기를 키우기에는 큰 사이즈의 요구르트통이 제일 좋다. 원예용품점에서 산 화분을 재사용하거나 생분해성 화분을 구입해도 된다.

모종에 물을 준 뒤 옮겨 심는다. 질 좋은 분갈이용 흙을 화분의 4분의 3 정도 오도록 채운다(14~15쪽 참고). 손가락으로 흙에 뿌리 덩어리가 들어갈 만한 크기의 구멍을 하나 판다. 모종 화분을

조심스럽게 뒤집은 다음 화분 아랫부분을 비틀어 흙을 빼낸다. 식물의 줄기 부분을 조심스럽게 잡고 모종을 화분에서 당겨 뺀다. 파놓은 구멍에 모종을 놓고 남은 부분을 흙으로 메운다.

모종에 거름주기

이식한 뒤 여분의 양분을 넣어주면 모종이 잘 자란다. 해초로 만든 거름이나 일반 농도의 4분의 1 비율로 희석한 지렁이 분변토 차가 어린 모종에 제일 좋다(43쪽 참고). 모종을 이식하고 일주일 뒤에 거름을 주며, 그 다음에는 2주에 한 번씩 준다.

환경 적응시키기

실내나 온실에서 자란 모종을 바람과 비, 햇빛에 노출시키면 더 튼튼하게 자라고 이식 과정을 더 잘 견딜 수 있다. 이는 모종을 옮겨 심기 전에 외부 환경에 적응시키는 과정으로, 기간

은 2주 정도 걸린다. 첫 주에는 낮 동안 비바람이 들이치지 않는 그늘진 곳에 모종을 뒀다가 밤에는 실내나 온실로 다시 옮긴다. 둘째 주에는 밤낮으로 밖에 두되 늦서리에 주의한다. 날이 흐린 날 옮겨 심고 물을 잘 준다.

▮ 문제 해결

씨앗이 발아하지 않거나 애지중지 키운 모종이 시들어 죽으면 마음이 아프다. 문제의 원인은 대개 과습이지만, 타이밍과 온도, 조도 역시 영향을 준다. 약한 모종에 병이 옮는 위험을 줄이기 위해서는 사용했던 분갈이용 배양토나 정원의 흙을 재사용하기보다 씨앗 파종용 분갈이 흙을 사용하는 것이 좋다(62~63쪽 참고). 모종판이나 화분은 따뜻한 비눗물에 씻어 말린 뒤 사용하자.

모종에 저면관수로 물을 주면 병충해가 덜 생긴다. 얕은 쟁반이나 접시에 물을 채운 다음 모종판이나 화분을 물 안에 담근다. 흙 표면이 촉촉해 보이면 모종판이나 화분을 물에서 꺼낸 뒤 물이 빠지게 둔다. 아니면 미세 분무기로 모종 위쪽에 천천히 물을 뿌린다.

모종에 흔히 생기는 병충해

- **모잘록병**: 새로 심은 모종이 갑자기 시들어 죽는 병을 뜻하는 용어. 모잘록병은 흙이나 물속의 곰팡이가 일으키는 병이다. 대개 실내나 온실에서 자라는 모종에서 나타나며, 습한 곳에서 잘 생긴다. 모종은 시들거나 쓰러져 죽으며, 대개 흙 표면에 흰곰팡이가 핀다. 처음 모잘록병 증상을 발견하면 병에 걸린 모종을 제거하고 남은 모종에는 항진균 성분이 있는 카모마일 차를 분무해 준다. 끓인 물 두 컵에 카모마일 티백 하나를 넣고 차를 우려 식힌 뒤 연한 노란색을 띨 때까지 물에 희석한다. 분무기에 차를 부은 다음 모종이 어느 정도 자랄 때까지 이틀에 한 번씩 뿌려준다.
- **작은뿌리파리**: 작은뿌리파리는 흙 속에 알을 낳고, 부화한 유충은 모종의 뿌리를

먹어치운다. 매달 한 번씩 모종판과 화분의 흙 위에 계핏가루를 살짝 뿌려준다.

- **웃자란 모종**: 모종의 줄기가 길고 약하며 위로 똑바로 자라지 않는다면 광원이 너무 멀리 있거나 과밀하게 심은 탓에 모종끼리 빛과 양분을 차지하려고 경쟁하기 때문이다. 햇볕이 더 잘 드는 곳으로 모종을 옮기거나 식물 생장등을 사용하고, 반드시 주기적으로 솎아주자.

- **곰팡이 핀 분갈이용 배양토**: 파종용 배양토 겉면에 녹색 곰팡이나 하얀 털곰팡이가 생기면 흙이 너무 습하다는 증거다. 흙 표면의 곰팡이를 모두 긁어낸 다음, 위에서 물을 주는 대신 화분째 물에 담그는 저면관수로 모종판이나 화분에 물을 공급한다.

채종, 종자 교환, 씨앗 소진하기

채종하는 법

정원의 식물에서 씨앗을 받아 보관해 두었다가 다음 해에 쓰면 저렴하면서도 친환경적으로 식물을 번식시킬 수 있다. 완두콩과 강낭콩, 피망, 토마토의 씨앗은 모두 받아서 보관하기 쉬워, 다음 해에도 건강한 식물을 만날 수 있다.

- **완두콩과 강낭콩:** 줄기에 달린 상태로 콩 꼬투리를 마르게 두거나 수확한 꼬투리를 거꾸로 매달아 실내에서 말린다. 완두콩과 강낭콩 종자를 손으로 눌러 빼낸 뒤 키친타월이나 다회용 대나무 천 위에서 말리는데, 이때 구멍이 나거나 변색된 종자는 골라낸다. 말린 종자를 봉투에 옮겨 담은 뒤 밀봉하고 이름표를 붙여 밀폐용기에 보관한다.

- **피망:** 피망이 완전히 익은 다음 딴다. 반으로 잘라 씨를 빼고 키친타월이나 다회용 대나무 천에 씨를 놓고 말린다. 완전히 마르고 나면 봉투에 옮겨 담고 밀봉한 후 이름표를 붙여 밀폐용기에 보관한다.

- **토마토:** 덩굴에서 다 익을 때까지 기다린다. 토마토를 따면 반으로 갈라 씨를 파내고, 체에 얹어 흐르는 찬물로 끈적한 부분을 씻어낸다. 키친타월이나 다회용 대나무 천에 씨앗을 펼쳐서 말린다. 다 마르면 봉투에 옮겨 담은 뒤 밀봉하고 이름표를 붙여 밀폐용기에 보관한다.

- **꽃**: 금잔화속, 코스모스, 가지제비고깔, 한련, 양귀비, 해바라기 같은 한해살이풀은 씨앗을 받아 보관했다가 다음 해에 사용할 수 있다. 꽃이 지고 갈색으로 변한 뒤 남은 이삭이나 꼬투리를 수확한다. 날이 습하면 씨앗이 썩을 수도 있으므로 햇볕이 좋고 건조한 날에 씨앗을 받도록 하자. 전지가위로 이삭이나 꼬투리를 잘라 갈색 봉투나 주머니에 담고, 각각 이름표를 붙인다. 며칠 뒤에 이삭이나 꼬투리를 살살 흔들어 봉투나 주머니 속에 떨어지는 씨앗을 모은 다음 시원하고 어두운 곳에 보관한다.

종자 교환하기

집 근처에 종자 교환 행사가 있는지 검색해 본다. 대부분 해당 지역의 유기농 채소 재배 기관에서 이른 봄에 행사를 연다. 교환할 씨앗이 없더라도 행사에 참여해 씨앗을 구매하고 다른 정원사들과 이야기를 나누며 다양한 비법을 배울 수 있다. 아니면 온라인 모임에서 식물 재배자들끼리 우편으로 씨앗을 주고받을 수 있는 기회를 찾아보자.

사용 기한이 지난 씨앗

지난해에 심고 남았거나 사용 기한이 지난 꽃과 채소 씨앗이 있다면 아직 쓸 수 있을지 모르니 보관해 두자. 씨앗이 발아할 수 있는지 알아보려면, 씨앗 몇 개를 젖은 키친타월 두 장 사이에 올린 뒤 키친타월을 접어서 지퍼백 안에 넣는다. 지퍼백을 따뜻한 곳에 두는데, 냉장고 위나 해가 잘 드는 창턱 위가 제일 좋다. 키친타월이 마르면 분무기로 매일 물을 뿌려주고, 8~10일 뒤에 키친타월을 펼쳐서 씨앗이 발아했는지 확인한다. 발아했다면 심으면 된다.

5.
생물 다양성

생물 다양성을 생각하며

우리 생태계는 꽃 사이를 오가며 꽃가루를 옮기는 꽃가루 매개충의 힘으로 돌아간다. 이들이 수분을 도와야 나무가 열매를 잘 맺는다. 거의 모든 과일과 곡물, 전 세계 기름 생산량의 절반 이상이 동물이 꽃가루를 옮기는 식물에서 나온다. 꿀벌과 나비가 가장 익숙하겠지만, 박쥐, 나방, 말벌, 딱정벌레도 꽃가루 매개충으로 한몫을 한다. 하지만 안타깝게도 화학 살충제, 서식지 감소, 병해, 기후 변화로 이들의 개체수가 많이 줄고 있다.

다양한 방법으로 꽃가루 매개충을 유인할 수 있다. 토종 야생화를 심고, 그들의 식량원이자 쉼터인 다양한 식물을 섞어서 키워보자. 공간이 좁다면, 화분에 코스모스를 넉넉히 심거나 창가 화단에 타임을 심어 꽃가루 매개충의 배를 채워줄 수 있다. 곤충 호텔 형태의 집을 짓거나 잔디를 일부만 베고 놔두는 방법으로 딱정벌레에게 집을 제공할 수도 있다.

잡초를 사랑하자! 쐐기풀과 민들레는 생태계의 중요한 일부이다. 두 식물은 꽃가루 매개충의 양분 공급원이자 보금자리, 번식처이므로 이들을 일부 남겨두자. 민들레가 왕성하게 자라는 봄에는 잔디 깎는 횟수를 줄인다.

진딧물, 민달팽이, 달팽이, 애벌레 같은 해충은 식물을 망치는 골칫거리다. 천적을 정원으로 불러들이면 도움이 된다. 고슴도치는 민달팽이와 달팽이를, 무당벌레는 진딧물을, 새는 애벌레를 잡아먹는다. 야행성 해충은 박쥐의 저녁거리이고, 민달팽이, 달팽이, 파리는 양서류가 즐기는 먹이다.

꽃가루 매개충을 위한 식물

꽃가루 매개충은 음식, 물, 집이 있어야 잘 자란다. 실외에 정원을 가꾸고 있다면 꽃가루 매개충에게 이 세 가지를 쉽게 제공할 수 있다.

꽃가루 매개충은 꽃꿀과 꽃가루에서 먹이를 구한다. 꽃꿀에는 에너지원이 되는 당분, 꽃가루에는 단백질과 기름이 풍부하다. 벌을 포함한 꽃가루 매개충은 일 년 내내 활동하므로 계절이 바뀔 때마다 먹이를 섭취할 꿀과 꽃가루가 풍부한 식물이 있어야 한다. 가능하면 계절마다 꽃가루 매개충이 먹이를 찾을 만한 식물을 정원에 심자(오른쪽 참고). 해가 잘 드는 창턱에 둔 타임, 가을에 격자 구조물을 타고 자라는 인동덩굴, 겨울에 눈을 뚫고 무리지어 피는 설강화는 전부 먹이를 찾기 좋은 식물이다.

마실 물도 필요하다. 꿀벌은 무더운 계절에 물을 뿌려 벌집을 시원하게 한다. 얕은 그릇이나 쟁반에 빗물이나 물을 받고 돌이나 자갈 두어 개를 넣어서 곤충이 안전하게 앉아 물을 마실 수 있게 도와준다.

집에 있는 물건으로 벌 상자와 곤충 상자 형태로 집도 만들자(곤충 호텔 만드는 방법은 84~85쪽 참고).

날씨가 따뜻하면 단독 생활을 하는 벌이 지쳐서 잘 움직이지 못할 때가 있는데, 단시간에 에너지를 보충할 수 있는 설탕물을 타서 먹이면 된다. 설탕 2큰술에 물 1큰술을 섞어 벌 옆에 약간 붓고 마시는 모습을 지켜본다. 벌은 이내 기력을 회복해 날아갈 것이다.

벌을 비롯한 꽃가루 매개충을 위한 계절별 식물

봄

- **구근식물:** 블루벨, 크로커스, 그레이프 히아신스, 프리틸라리아 멜리그리스
- **식용식물:** 블루베리, 레드커런트, 로즈메리
- **여러해살이풀:** 아주가, 아르메리아, 아우브리에타, 제라늄, 프리뮬러, 쑥부지깽이속
- **관목:** 다윈매자나무, 캘리포니아라일락, 백서향, 진달래, 홍화커런트, 일본 황산계수나무
- **나무:** 단풍나무, 아몬드, 채진목, 사과나무, 벚나무, 유럽호랑가시나무, 복숭아나무, 배나무, 호랑버들, 백합나무, 버드나무

여름

- **한해살이풀:** 보리지, 금잔화속, 코스모스, 담배, 니겔라

- **덩굴식물:** 등수국, 재스민, 한련, 시계꽃
- **식용식물:** 블랙베리, 누에콩, 차이브, 애호박, 회향, 마저럼, 민트, 라즈베리, 로즈메리, 적화강낭콩, 세이지, 서양호박, 딸기, 타임
- **여러해살이풀:** 톱풀, 아매발톱꽃, 아스트란티아, 달리아, 에키나시아, 절굿대, 디기탈리스(2년생), 접시꽃, 베르가못, 작약, 러시안세이지, 루드베키아, 스카비오사, 버들마편초
- **관목:** 부들레야, 에스칼로니아, 후크시아, 라벤더
- **나무:** 단자산사나무, 월계수

가을
- **덩굴식물:** 인동덩굴
- **여러해살이풀:** 아네모네, 달리아, 에키나시아, 뉴욕아스터, 루드베키아, 샐비어, 돌나물, 해바라기
- **관목:** 꽃댕강나무, 딸기나무, 헤베

겨울
- **구근식물:** 크로커스, 설강화
- **덩굴식물:** 클레마티스(상록식물), 담쟁이덩굴, 인동덩굴(동계 개화종)
- **여러해살이풀:** 헤더(동계 개화종), 헬레보루스 포이티두스, 프리뮬러, 노랑너도바람꽃
- **관목:** 팔손이나무, 뿔남천, 사르코코카

브로콜리와 케일, 리크의 꽃은 벌을 비롯한 꽃가루 매개충에게 훌륭한 꿀 공급원이므로 씨를 맺게 두자.

지피작물을 풋거름 작물로 키우는 것도 좋다(39쪽 참고). 지피작물은 다량의 꿀과 꽃가루를 만들어 먹이를 구하기 힘든 이른 봄에 특히 유용하다. 꽃가루 매개충이 수분하는 지피작물은 꽃을 피울 때까지 기다린 뒤 갈아엎는다. 토끼풀, 컴프리, 누에콩, 백겨자, 블루벨이 키우기 좋다.

공간이 좁다면 창가 화단이나 화분에 꽃꿀이 많은 허브를 키워보자. 차이브, 오레가노, 마저럼, 로즈메리, 세이지, 타임 모두 좋다. 토종 야생화도 꼭 심어보자(86쪽 참고).

곤충 호텔

가을에 지어준 곤충 호텔은 익충과 양서류가 천적을 피하거나 겨울잠을 잘 수 있는 보금자리가 된다.

모양과 크기가 제각각인 작은 공간을 많이 갖춘 곤충 호텔이 최고다. 곤충 호텔은 주변의 자연환경과 어우러지는 재료로 만들어야 하며, 위치는 나무나 산울타리 근처 그늘진 곳이 제일 좋다.

이제부터 곤충 호텔을 만드는 세 가지 방법을 소개한다. 하나는 빈 벽걸이 바구니를 활용하고 또 하나는 플라스틱병을 활용한다. 규모가 큰 정원이라면 펠릿을 재활용해 만들어도 좋다. 어떤 곤충 호텔을 짓든 나무껍질, 잔가지, 솔방울, 나뭇잎, 이끼, 대나무 지주대, 조개껍데기, 돌멩이, 꽃, 견과 껍데기 같은 자연 재료를 사용하자.

개구리와 두꺼비는 시원하고 축축한 환경을 좋아하므로 돌 몇 개나 부서진 타일 또는 토분 조각을 넣어주면 호텔로 모여들 것이다. 단독 생활을 하는 벌은 대나무 줄기나 다양한 크기의 구멍이 뚫린 통나무를 좋아한다. 무당벌레, 딱정벌레, 거미, 쥐며느리가 지낼 곤충 호텔에는 마른 잎과 잔가지, 나무껍질을 넣어준다.

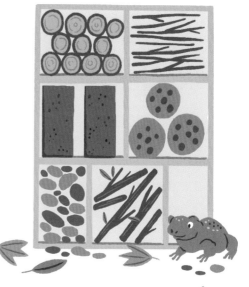

곤충 호텔 만들기

곤충 호텔은 방이 많은 커다란 '대저택' 또는 '소형 호텔' 형태로 만들 수 있다. 둘 다 곤충들이 좋아하고 유용하다.

곤충 호텔을 둘 외부 공간에 맞춰 다음 세 가지 종류로 지을 수 있다.

펠릿을 활용한 곤충 호텔

규모가 큰 정원이나 주말농장에 적합한 곤충 호텔. 곤충은 물론 개구리와 두꺼비를 불러들이기도 좋다.

준비물:

- 목재 펠릿 3~5개
- 노끈/케이블 타이
- 벽돌, 낡은 타일, 깨진 토분 또는 지붕 슬레이트
- 다양한 자연 재료
- 지붕 슬레이트, 타일, 뗏장 등 지붕 재료

1. 펠릿을 한단 한단 쌓는다. 안정성이 떨어진다면 노끈이나 케이블 타이로 단단하게 묶어 연결한다.
2. 아랫단부터 시작해 벽돌이나 낡은 타일, 깨진 화분, 지붕 슬레이트를 빈틈 사이사이에 넣어준다.
3. 각 단의 빈틈에 자연 재료를 더 채워 넣는다.
4. 마지막으로 지붕 타일이나 뗏장으로 만든 지붕을 얹는다.

벽걸이 바구니
곤충 호텔

여름 동안 장식해 두었던 벽걸이 구유 화분이나 행잉 바구니를 이용하는 것도 좋은 방법이다.

준비물:

- 벽걸이 구유 화분 또는 행잉 바구니
- 솔방울
- 마른 잎
- 이끼

1. 구유 화분이나 바구니의 안감을 모두 제거한다.

2. 구유 화분이나 바구니 안에 솔방울을 한 겹 깐다.

3. 마른 잎을 한 겹 깐 뒤 이끼도 한 겹 깔아준다. 그 위에 구유 화분이나 바구니가 가득 찰 때까지 솔방울을 넣어준다.

플라스틱병
곤충 호텔

발코니 정원 등 좁은 공간에 무당벌레를 비롯한 다른 곤충을 불러들이기 적합하다.

준비물:

- 커다란 플라스틱 물통이나 우유통
- 가위
- 자연 재료

1. 물통이나 우유통의 한쪽 면을 타원형으로 조심스럽게 잘라낸다.

2. 통 안에 다양한 자연 재료를 겹겹이 쌓는다(솔방울, 크기를 맞춰 자른 대나무 지주대, 이끼, 잔가지가 딱 좋다).

3. 통이 꽉 차면 비바람이 들이치지 않는 따뜻한 곳에 둔다.

야생화

애석하게도 이곳 영국에서는 야생화가 빠른 속도로 사라지고 있어, 다섯 중 하나는 멸종 위기에 처해 있다. 1930년대 야생화밭 가운데 불과 3퍼센트만 현존하며,❖ 세계적으로도 영국과 비슷한 형편이다. 야생화가 사라지면 중요한 식량원과 서식지가 파괴된다.

이를 멈출 가장 쉬운 방법은 정원에서 야생화를 키우는 것이지만, 당장 바꿀 수 있는 한 가지가 있다. 바로 잔디 깎는 일 멈추기. 잔디밭 일부를 베지 않고 두면 자연이 제자리를 찾고 야생화가 늘어난다. 나무 둥치 주변이나 잔디밭의 좁다란 구역을 남겨둬 보자. 잔디가 길게 자라는 게 싫다면 따로 야생화밭을 조성한다. 풀밭, 화단, 화단 경계, 심지어 화분에 심어도 된다.

한해살이 야생화밭과 여러해살이 야생화밭이 있다. 한해살이 야생화는 여름과 가을에 꽃을 피워 곤충들에게 꿀과 꽃가루를 넉넉하게 제공한다. 대개 양귀비, 수레국화, 천수국 등 밝은 색 꽃이 피는 식물을 화단이나 화단 경계에 심는데, 일년생이므로 매년 씨를 뿌린다. 여러해살이 야생화밭에는 한해살이 야생화와 여러해살이 야생화, 그리고 꽃밭에 꼭 필요한 풀까지 함께 심어 꿀과 꽃가루를 생산하고 나비와 나방에게 안전한 번식처를 제공한다. 여러해살이 야생화는 손이 많이 갈 수 있지만, 메마른 땅에서도 잘 자라며 큰 정원이나 주말농장에 더 적합하다.

토종 야생화를 취급하는 종묘사를 찾아보고 씨앗이나 모종이 지역 자생종

❖ 멸종 위기에 처한 식물을 보호하는 자선 단체 플랜트라이프(Plantlife)에서 운영 중인 야생화 정원(The Wildflower Garden, www.plantlife.org.uk)
❖❖ 묘판에 종자를 파종하여 기른 모종

인지 확인한다. 파종 또는 플러그묘❖❖ 를 이용하거나 야생화 잔디 뗏장을 구 입해 이식한다.

야생화 컨테이너 정원만들기

나는 컨테이너 정원용으로 나오는 혼합 씨앗을 사용해 테라스 화분과 창가 화단에 야생화를 즐겨 심는다. 자랄 공간이 필요하므로 되도록 큰 화분을 선택한다. 대형 창가 화단이나 구유 화분, 도자기 화분이 좋다. 나는 주로 빈티지 시장이나 고철 처리장을 뒤져서 구한 낡은 금속 욕조와 나무 상자를 재활용해 꽃과 식용작물을 재배한다.

준비물:

- 물구멍을 뚫은 대형 용기
- 돌/깨진 그릇이나 토분
- 분갈이용 배양토
- 야생화 씨앗

1. 용기 안쪽에 깨진 토분이나 돌을 몇 개 깐다.
2. 용기에 분갈이용 배양토를 채우고 배양토 표면에 야생화 씨앗을 뿌린다.
3. 분갈이용 배양토를 약간 더 부어 씨앗을 살짝 덮은 후 물을 듬뿍 준다.
4. 일주일에 두 번 물을 주어 씨앗이 발아하는 동안 분갈이용 배양토를 촉촉하게 유 지한다. 날씨가 더울 때는 물 주는 횟수를 늘려야 할 수도 있다.

야생동물의 정원

나의 작은 정원은 차가 많이 다니는 도로 근처에 있다. 뒷마당에 있으면 차 엔진 소리가 끊임없이 들리고 도시는 활기가 넘치지만, 나는 그 세계에서 완전히 동떨어진 기분이 든다. 이 자그마한 정원은 자연으로 가득하고, 먹이를 찾는 벌과 나비로 살아 숨 쉰다. 새들은 짹짹 노래 부르며 가지 사이를 옮겨 다니다가 내려앉아 새 물통에서 재빠르게 몸을 씻는다. 해가 지면 정원에 박쥐와 나방이 찾아오고 가끔은 고슴도치도 나타난다.

작물과 꽃의 수분부터 해충을 억제하는 일까지, 야생동물은 유기농 정원사에게 많은 것을 베풀며 자연의 균형을 지켜준다.

야생동물에게는 먹이, 물, 집이 있어야 하는데, 먹이는 식물이나 다른 곤충에게서 얻고 물은 새 물통과 연못에서 마신다. 집은 베지 않고 자라도록 둔 잔디밭, 또는 시중에 있는 상자로 마련할 수 있다(곤충 호텔 만드는 방법은 84~85쪽 참고).

정원에 야생동물 불러들이는 방법

- **산울타리 조성**: 산울타리는 동물들이 새끼를 낳고 둥지를 트는 보금자리 역할을 하고, 딸기류, 열매, 씨앗 형태의 먹이까지 제공한다. 유럽너도밤나무, 가시자두, 붉은피라칸타, 단자산사나무처럼 친숙하고 자연스러운 산울타리를 선택하자. 인동덩굴과 들장미 같은 덩굴식물은 새와 곤충에게 더 많은 먹이를 제공한다. 또한 산울타리와 나무는 대기오염을 줄이는 효과도 상당하다(26쪽 참고).
- **통나무 더미 쌓기**: 곤충에게 보금자리가 되고, 먹이를 찾는 새와 고슴도치, 개구리를 불러들이는 통나무 더미. 산울타리나 화단 경계 뒤쪽에 통나무(자생 수종이면 제일 좋다.)를 늘어놓는다.

- **양서류:** 개구리, 두꺼비, 영원과 동물은 민달팽이와 달팽이, 그리고 기거나 날아다니는 많은 무척추동물의 천적이다. 성큰 가든sunken garden❖ 연못 또는 용기로 만든 연못을 설치해 주면 양서류에게는 보금자리가 되고, 고슴도치, 벌, 새에게는 목을 축일 장소가 된다. 또한 연못은 박쥐, 실잠자리, 잠자리를 비롯한 곤충을 불러 모을 수 있고, 개구리, 영원과 동물, 양서류에게는 번식처가 된다. 안 쓰는 벨파스트 싱크대❖❖나 오크통, 설거지통, 큰 화분으로 야생동물에게 필요한 연못을 만들 수 있다. 연못 안에 산소를 공급하는 식물도 몇 개 심자(수생식물 전문 종묘사에서 자생종에 대한 조언은 물론 연못 크기에 맞는 식물 선택에 도움을 받을 수 있다). 각종 용기로 연못 만드는 법은 온라인 영상 자료를 참고한다. 아이와 반려동물이 연못과 인공 수로 근처에 가는지 잘 살피고, 필요하면 울타리를 치자. 또는 보호망 역할을 하는 동시에 야생동물이 드나들 수 있는 그물망을 설치한다.

- **박쥐:** 박쥐는 각다귀, 파리, 나방, 모기의 천적이다. 도그로즈, 긴잎달맞이꽃, 인동덩굴, 이브닝 스토크, 담배처럼 밤에 개화해 향을 뿜는 연한 색 꽃을 키우면 나방, 그리고 나방의 천적인 박쥐까지 모여든다. 연못은 또한 박쥐에게 식수와 곤충 먹잇감을 공급한다. 봄여름에는 인공조명 사용을 자제한다. 불빛 때문에 박쥐가 방향을 잃을 수 있기 때문이다.

- **조류:** 새는 민달팽이, 달팽이, 진딧물, 애벌레의 천적이다. 새 모이통과 물통을 설치하고 수시로 청소해 주자. 새 모이용 씨

❖ 지하나 지하로 통하는 개방된 공간에 꾸민 정원
❖❖ 깊은 장방형의 자기(瓷器) 싱크대

앗, 비곗덩이, 거저리 애벌레(밀웜) 같은 영양 보충이 되는 음식을 주는데, 조류마다 연중 섭취해야 하는 영양요구량이 다르다는 사실을 기억하자.

- **솔방울 새 모이통:** 삼림지대나 숲 바닥에 떨어진 굵직한 솔방울을 모은다(나무에 매달린 솔방울은 따지 않는다). 굳게 닫힌 솔방울은 오븐에 넣고 저온에서 10분간 구우면 비늘이 활짝 벌어진다. 황마 끈이나 노끈 하나를 솔방울 끝에 연결한다. 땅콩버터를 솔방울 전체에 펴 바른다. 새 모이용 씨앗 약간을 접시에 부은 뒤 솔방울을 굴려 씨앗을 솔방울 전체에 골고루 묻힌다. 집 밖의 나무나 창문 근처에 솔방울을 매달아 두면 새가 찾아와 맛있게 먹는 모습을 지켜볼 수 있다.

- **오렌지 껍질 새 모이함:** 오렌지를 반으로 잘라 과육을 파낸다. 과육은 따로 먹고, 반을 가른 껍질 두 개의 윗부분에 서로 마주보는 작은 구멍을 내자. 황마 끈이나 노끈을 잘라 두 구멍 사이로 통과시켜 끝을 묶어 고리를 만든다. 오렌지 껍질 속에 모이용 씨앗을 넣은 다음 밖에 매단다. 새들이 내려앉아 먹기 좋도록 꼬챙이나 잔가지로 횃대를 만들자. 꼬챙이나 잔가지를 오렌지 껍질 속에 밀어 넣어 구멍을 낸 뒤 반대쪽까지 쑥 밀어 구멍을 낸다. 이렇게 두 개를 십자 모양으로 꽂으면 된다.

- **달걀 껍데기:** 달걀을 먹고 남은 껍데기를 새 모이로 줘서 없앤다. 달걀 껍데기에는 칼슘이 풍부하게 들어있어 둥지를 트는 조류에게 좋은 영양 공급원이 된다. 달걀 껍데기를 씻어서 말린 뒤에 오븐에 넣고 살균한다(오븐 팬에 얹어 130도에서 30분간). 믹서에 넣거나 손으로 잘게 부순 뒤 야생 조류 모이용 씨앗과 섞는다.

- **꽃이 씨앗으로 변하도록 두기:** 절굿대, 여러해살이 개미취, 해바라기, 산토끼꽃은 날씨가 추운 계절에 새들의 좋은 먹이가 된다.
- **가을 열매:** 조류가 이동하기 전에 따먹을 수 있도록 사과, 딸기류, 산사나무 열매, 찔레나무 열매를 남겨둔다.
- **나비:** 나비는 알을 낳고 번데기로 변태할 안전한 장소, 부화한 애벌레가 먹을 음식과 성체 나비의 성장에 필요한 꿀이 가득 든 식물이 필요하다. 정원의 초목을 일부라도 그대로 자라도록 두자. 쐐기풀, 엉겅퀴, 유럽호랑가시나무, 담쟁이덩굴이 나비 유충에 풍부한 먹이를 제공하고, 겨우내 애벌레의 보금자리 역할을 한다. 나비가 특히 좋아하는 빨간색, 노란색, 분홍색, 보라색, 주황색 꽃을 피우는 꽃꿀이 많은 식물을 심는다. 금속이나 유리 접시를 이용해 나비의 먹이통을 만들고. 썩거나 과숙한 과일을 얇게 썰어 접시 위에 올려둔다. 바나나, 오렌지, 딸기, 사과 모두 좋다.
- **고슴도치:** 고슴도치는 민달팽이와 달팽이의 천적이다. 굴을 파거나 울타리에 구멍을 내 고슴도치가 정원에 드나들 수 있는 출입구를 만들어준다. 고슴도치 집을 만들어 정원의 조용하고 그늘진 곳에 설치한다. 만드는 방법은 온라인 영상 자료를 참고해도 되고, 원예용품점에서 판매하는 완제품을 구입해도 좋다. 음식과 얕은 물 접시를 두어 고슴도치가 정원에 찾아올 수 있도록 해보자(우유를 먹으면 고슴도치가 아플 수 있으니 우유 접시는 내놓지 않는다). 고슴도치 전용 음식은 반려용품점이나 원예용품점에서 구입할 수 있다.

6.
식용 정원

식용 정원 가꾸기

내가 먹을 음식을 직접 키우면 좋은 점이 참 많다. 식품의 수송 거리, 즉 푸드 마일이 줄고, 인공 살충제와 제초제를 쓰지 않아도 되며 생물 다양성까지 고려할 수 있다. 하지만 단연코 제일 좋은 점은 뛰어난 맛이다.

우선 무엇이 먹고 싶은지, 얼마나 많은 시간을 텃밭에 쓸 수 있는지, 그리고 재배 면적은 얼마쯤일지 생각하자. 텃밭 초보들은 너무 많은 작물을 심어서 밭이 빽빽해지거나 충분한 수확을 얻지 못하는 실수를 한다. 원하는 걸 전부 키울 순 없으니 재배가 까다롭거나 적은 양을 얻자고 너무 큰 공간을 차지하는 농산물은 사 먹도록 하자. 아스파라거스는 머리가 다 자라는 데 4년, 방울양배추는 몇 달이 걸리지만, 시금치, 루콜라, 샐러드용 잎채소는 연이어 파종해 사계절 내내 먹을 수 있다.

직접 키우면 마트에서 파는 것과는 다른 종류의 과일과 채소를 맛볼 수 있다. 또한 일회용 플라스틱통이나 비닐 봉지에 미리 포장된 과일과 채소를 사는 대신, 환경을 생각하며 키워 먹는 보람이 있다.

대부분의 식물은 낮 동안 6~8시간 직사광선을 쬐어야 생산성이 높아지지만, 그늘에서 잘 자라는 작물도 있다 (103쪽 참고). 오이, 토마토, 가지는 실내에서 더 튼튼하게 자라는 대표적인 식물이다. 이들을 야외에서 키운다면 바람을 피할 수 있는 곳이어야 한다.

공간에 비해 모종이 너무 많다면 공동체 텃밭이나 모금 행사, 학교 축제에 기부하자. 갓 수확한 농산물을 푸드뱅크에 기부하면 환영받을 것이다.

채소

여기에 언급한 채소는 전부 씨앗을 뿌려 쉽게 키울 수 있다. 하지만 텃밭을 처음 가꾸는 사람이라면 모든 작물을 씨앗부터 키우는 방법은 권하지 않는다. 한두 개는 파종해 키우고, 나머지는 종묘장에서 구입한 플러그묘를 채소밭이나 발코니 정원에 심어보자. 씨앗을 뿌려 키우기 좋은 식물은 강낭콩과 완두콩, 애호박, 토마토, 그리고 샐러드용 작물이나 녹색 잎채소다.

씨앗을 직파할 때 씨앗 테이프를 직접 만들어 쓰면(67쪽 참고) 씨앗을 일정한 간격으로 심을 수 있다.

흙 속에 유기질이 풍부하고 물이 충분히 공급된다면, 비료가 필요 없는 식물이 대부분이다. 하지만 작물이 시드는 기색이 보이면 유기질 액체 비료(40~45쪽 참고)를 넉넉히 뿌려준다. 단, 가지, 고추, 피망, 토마토는 재배하는 동안 주기적으로 비료를 줘야 건강하게 자란다.

- **가지:** 가지는 초봄에 실내에서 개별 화분에 파종하고 늦봄이나 초여름에 옮겨 심는다. 추위를 막는 보호막과 말뚝 지주대가 필요할 수도 있다. 뿌리 주변에 멀칭을 해주자(36쪽 참고). 여름에는 2주에 한 번씩 유기질 액체 비료를 준다(40~45쪽 참고).
- **강낭콩과 완두콩:** 이 두 가지 콩은 뿌리

가 길어서 화분에 심은 뒤 흙을 두둑이 넣어줘야 한다. 콩을 심기 제일 좋은 건 두루마리 휴지 심이나 신문지로 만든 화분인데(65~67쪽 참고), 생분해되는 장점까지 있어, 흙에 바로 옮겨 심으면 된다. 강낭콩과 완두콩을 키울 예정이라면 옮겨 심는 순서대로 파종한다. 누에콩, 완두콩, 적화강낭콩, 덩굴강낭콩이 대표적이다. 모든 강낭콩과 완두콩 모종은 외부 환경에 서서히 적응시키고 나서 옮겨 심어야 한다(70~73쪽 참고).

- **누에콩**: 초봄에 실내에서 파종한다. 분갈이용 배양토에 콩을 5㎝ 깊이로 눌러 넣은 다음 배양토를 좀 더 부어 콩을 덮어준다. 햇볕이 잘 드는 창턱에 놓고 물을 충분히 준다. 콩 모종이 약 8㎝ 길이가 되면 외부 환경에 천천히 적응시킨 뒤 옮겨 심는다.
- **완두콩**: 초봄에 실내에서 파종하며, 화분 하나당 완두콩 씨앗을 한두 알 심는다. 모종의 키가 10㎝쯤 되면 점차 외부 환경에 적응시킨 뒤 옮겨 심으면 된다.
- **적화강낭콩**: 봄 중순에 실내에서 파종한다. 콩을 분갈이용 배양토에 5㎝ 깊이로 눌러 넣고 배양토를 좀 더 부어 덮어준다. 햇볕이 잘 드는 창턱에 두고 물을 충분히 준다. 모종 길이가 10㎝쯤 되면 외부 환경에 서서히 적응시킨 다음 옮겨 심는다. 적화강낭콩은 옮겨 심은 뒤 지주대를 세워줘야 한다.
- **덩굴강낭콩**: 늦봄에 실내에서 파종한다. 콩을 분갈이용 배양토에 5㎝ 깊이로 눌러 넣은 뒤 배양토를 좀 더 부어 덮어준다. 햇볕이 잘 드는 창턱에 놓고 물을 충분히 준다. 모종 길이가 10㎝쯤 되면 천천히 외부 환경에 적응시킨 뒤 옮겨 심는다.

배추속 채소

배추속에 속한 모든 채소는 흙에 유기질을 충분히 섞어 심으면 좋다. 초봄에 실내 파종하거나 봄 중하순에 직파한다. 실내에서 키운 모종은 외부 환경에 적응하는 기간을 거쳐 옮겨 심는다. 야외에 옮겨 심고 나서는 물을 충분히 줘야 하고, 모종 주변에 둥근 칼라를 대주면 양배추고자리파리를 쫓는 데 도움이 된다(165쪽 참고).

- **브로콜리:** 모종이 10㎝ 크기가 되면 옮겨 심을 수 있다. 45㎝ 간격으로 심자. 중앙의 머리 부분, 즉 꽃봉오리를 수확하고 곁순은 자라도록 둔 뒤 몇 주 지나 수확한다.
- **방울양배추:** 모종의 키가 10㎝가 되면 30㎝ 간격으로 옮겨 심는다. 아래쪽에서부터 따기 시작해 위로 올라가며 수확한다. 하나씩 비틀어서 따면 된다.
- **양배추:** 여름 양배추는 늦여름에 파종해 가을에 옮겨 심고, 가을 양배추는 늦겨울에 파종해 초봄에 옮겨 심는다. 모종의 키가 8㎝가 되면 45㎝ 간격으로 옮겨 심자.
- **콜리플라워:** 모종이 8㎝까지 자라면 옮겨 심을 수 있다. 수확할 때가 되면 잎이 벌어지며 꽃봉오리가 햇볕에 얼굴을 드러낸다. 머리 부분이 다 자라면 수확하되 꽃 부분이 느슨하게 벌어지기 전에 따야 한다. 콜리플라워의 머리 부분인 꽃봉오리의 색깔이 옅은 노란빛을 띨 때까지는 먹어도 된다.
- **케일:** 직파보다는 실내에서 파종하는 것이 좋으며, 모종이 10㎝ 크기로 자라면 40㎝ 간격으로 옮겨 심는다. 겉잎 먼저

수확하고 작고 연한 잎은 더 키워서 나중에 수확한다. 겨우내 채소 화단이나 화분에 두면 다음 해 봄에 꽃을 피운다. 벌을 비롯한 다른 꽃가루 매개충이 참지 못하고 달려들 것이다.

박과 채소

애호박, 늙은 호박, 스쿼시 호박은 흙에 유기질을 듬뿍 넣어준 뒤 심으면 좋다.

- **애호박:** 봄 중하순에 실내에서 개별 화분에 파종한다. 호박씨 두서너 개를 옆으로 눕혀 분갈이용 배양토 속에 눌러준다. 배양토로 살짝 덮고 물을 충분히 준다. 외부 환경에 모종을 적응시킨 다음, 마지막 서리가 내린 뒤 노지에 약 60㎝ 간격을 띄워 옮겨 심는다. 2주에 한 번씩 유기질 액체 비료를 주자. 애호박은 열매가 굉장히 많이 달리니 너무 많이 심지 않도록 신경 써야 한다. 자칫하면 몇 주 동안 매일 애호박 요리가 식탁에 올라올 것이다!
- **오이:** 초봄에 실내에서 개별 화분에 파종한다. 화분 하나당 씨앗 두 개를 3㎝

깊이로 심은 뒤 물을 충분히 준다. 오이는 온실에서 제일 잘 자라지만 몇몇 종은 야외에서 키우기 적합하다. 모종을 더 큰 화분에 옮겨 심은 다음 늦봄이나 초여름까지 실내에 둔다. 날씨가 추우면 쉽게 쓰러져 죽기 때문이다. 야외에서는 노지나 큰 화분에 심는다. 오이는 지주대가 필요한 생장력 왕성한 덩굴식물이므로 대나무 지주대나 격자 구조물을 대준다. 곁순을 주기적으로 잘라내고 오이꽃도 따줘야 할 것이다. 온라인에서 자료를 찾아 참고해 보자.

- **늙은 호박과 스쿼시 호박:** 초봄부터 늦봄 사이에 실내에서 개별 화분에 파종한다. 호박씨를 옆으로 눕혀 분갈이용 배양토 속에 눌러 넣는다. 배양토를 살짝 덮은 뒤 물을 충분히 준다. 모종이 어느 정도 자라면 노지에 옮겨 심는다. 호박 종류에 따라 간격이 다르므로 씨앗 봉투에 적힌 정확한 재식 거리를 참고하고, 물을 충분히 준다.

양파과 채소

- **마늘:** 마트에서 판매하는 알뿌리는 병을 옮기거나 거주하는 지역의 기후에 맞지 않을 수도 있으므로 원예용품점이나 종묘사에서 구입한다. 늦가을이나 초봄에 분갈이용 배양토에 유기질을 약간 섞어 마늘쪽의 뾰족한 부분이 위로 오도록 커다란 화분에 심는다. 모종이 노란색을 띠면 알뿌리를 파낸다.

- **양파:** 씨를 뿌려 키울 수도 있지만, 나는 양파 구근을 심어 키우는 방법을 선호한다(양파 구근은 어느 정도 자란 양파로, 씨앗보다 더 쉽고 빠르게 키울 수 있다). 봄 중순에 10㎝ 간격을 두고 구근 크기의 약 두 배 깊이로 심는다. 양파 구근의 윗부분이 흙 밖으로 드러나도록 한다. 잎이 노란색으로 변하면 수확한다.

- **파:** 봄부터 1㎝ 깊이로 줄지어 직파한다. 2.5㎝ 간격이 될 때까지 모종을 솎아내고 물을 충분히 준다. 가장 큰 파부터 먼저 수확한다.

- **피망과 고추:** 초봄에 실내에서 작은 개별 화분에 파종한다. 온열 매트 위나 모종 상자 안에 놓고 키우면 발아율이 더 좋지만, 햇볕이 잘 드는 창턱에서 키워도 충분하다. 대신 화분 위에 플라스틱 뚜껑

을 덮어 흙 속의 열을 가둔다. 모종이 올라오면 온열 매트나 모종 상자에서 빼내고 플라스틱 뚜껑도 벗긴다. 모종을 외부 환경에 적응시킨 다음 더 큰 화분에 옮겨 심고 물을 충분히 준다. 꽃이 피기 시작하면 재배 기간 동안 유기질 액체 비료를 주기적으로 주고, 추운 날이나 밤에는 화분을 실내에 들여놓는다.

뿌리채소

- **비트:** 씨앗을 밤새 물에 담가놓으면 발아 속도를 앞당길 수 있다. 봄 중순부터 여름 중하순에 직파하고 가을에 수확한다. 흙으로 씨앗을 살짝 덮고 최소 10㎝ 간격이 되도록 모종을 솎아낸다.

- **당근:** 봄 중순부터 여름 하순 사이 2㎝ 깊이, 15㎝ 간격으로 줄지어 직파하고, 적어도 5㎝ 간격이 되도록 모종을 솎아낸다. 건조한 기간에는 물을 충분히 주며, 흙 위로 주황색 머리가 올라오면 수확한다.

- **무:** 초봄부터 늦여름 사이에 직파하는데, 1㎝ 깊이, 10㎝ 간격으로 줄지어 드문드문 심는다. 가장 큰 무부터 우선 수확하

고 작은 무는 더 클 때까지 놔둔다.

- **순무:** 여름 중순부터 한여름 사이에 직파한다. 일정한 간격을 두고 1㎝ 깊이로 줄지어 씨를 뿌린다. 조생종 순무는 15㎝ 간격이 될 때까지 모종을 솎아내고, 가을에 수확하는 무는 24㎝ 간격이 될 때까지 모종을 솎아내자.

샐러드용 작물과 녹색 잎채소

- **근대:** 여름 중하순에 직파한다. 10㎝ 간격, 2.5㎝ 깊이로 줄지어 씨를 뿌린다. 30㎝ 간격이 될 때까지 모종을 솎아내고 물을 충분히 준다. 겉잎을 먼저 수확하고 작고 여린 잎은 더 키워 나중에 수확한다.

- **상추:** 초봄과 생장기 동안 실내에 파종해 계속 수확할 수 있다. 1㎝ 깊이, 10㎝ 간격으로 줄지어 직파한 뒤 물을 충분히 준다. 포기째로 수확하거나 겉잎을 떼어낸 다음 가운데 부분을 더 키워서 수확한다.

- **루콜라:** 초봄에 1㎝ 깊이, 10㎝ 간격으로 줄지어 직파한다. 어린잎을 수확해 샐러드나 페스토 재료로 쓴다.

- **시금치:** 초봄부터 늦여름 사이 1㎝ 깊이, 2.5㎝ 간격으로 줄지어 직파한다. 2㎝ 높이까지 자라면 모종을 25㎝ 간격이 되도록 솎아낸다. 겉잎을 먼저 수확하고 작고 여린 잎은 더 키운 뒤 나중에 수확한다.

토마토

토마토는 유한생장형과 무한생장형 두 종류로 나뉜다. 유한생장 토마토는 '관목형' 토마토라고 하며 약 1m 높이까지 자란다. 무한생장 토마토는 '외줄기' 토마토라고 하는데, 한 줄기로 자라며 곁순이 나오는 것은 제거해 줘야 한다. 외줄기 토마토에는 지주대를 대준다. 행잉 바구니와 테라스 화분에 심기 좋은 텀블링 방울토마토를 키워도 좋다.

초봄에 실내의 작은 화분에 파종한다. 분갈이용 배양토 표면에 토마토 씨앗 두세 개를 뿌리고 흙을 약간 더 넣어 살짝 덮어준다. 햇볕이 잘 드는 창턱에 놓고 물을 충분히 주자. 손으로 들 수 있을 정도로 모종이 커지면 더 큰 화분에 옮겨 심을 때다. 토마토는 가느다란 머리카락처럼 보이는 뿌리가 줄기 위까지 뻗어 올라오며 줄기가 흙에 닿는 곳마다 뿌리가 생긴다. 토마토 모종을 옮겨 심을 때는 떡잎이 흙 바로 위로 오도록 줄기를 화분 깊숙이 심는다. 노지에 심으려면 먼저, 모종을 외부 환경에 서서히 적응시킨다(70~72쪽 참고). 온실이나 야외에 두고 키우려면 크기가 충분히 넉넉한 화분을 준비하자.

- **관목형 토마토**: 물을 주기적으로 주고 2주에 한 번씩 유기질 액체 비료를 준다(40~45쪽 참고).
- **외줄기 토마토**: 대나무 지주대를 화분에 꽂고 토마토 원줄기를 지주대에 묶는다. 물을 주기적으로 주고 2주에 한 번씩 유기질 액체 비료를 준다. 곁순은 모두 제거한다. 토마토 열매 4~5개가 달리면 줄기의 가장 윗부분을 잘라준다.

그늘에서 키워야 하는 식물

과채

- 알프스 딸기
- 블루베리
- 구스베리
- 루바브
- 서양앵두
- 케일
- 상추
- 감자
- 무
- 루콜라
- 시금치

허브

- 차이브
- 고수
- 민트
- 파슬리

감자

다른 채소들처럼 감자도 볕이 잘 들고 배수가 잘되는 땅을 좋아한다. 노지나 높임 화단에서 잘 자라며 화분에서도 잘 큰다(배양토 포대에서 감자 키우는 방법은 옆 페이지 참고).

조생종, 중생종, 만생종 감자를 재배할 수 있는데, 조생종과 중생종은 흔히 햇감자라 불리며 봄쯤에 수확한다. 만생종 감자는 더 굵게 자라고 대개 늦여름이나 초가을에 수확해 겨울 동안 저장한다.

감자는 병충해를 입기 쉬우므로, 병충해가 극성을 부리기 전에 수확하는 조생종과 중생종 감자를 키우는 것이 좀 더 수월하다(164쪽 참고). 만생종 감자를 키우기로 했다면 그 용도를 생각해 보라. 제빵에 쓰거나 매시트포테이토를 만들기 좋은 종과 감자튀김을 만들기 좋은 종이 있다.

모든 감자는 씨감자(덩이줄기)를 심어서 키우며 씨감자는 원예용품점이나 종묘장에서 구입할 수 있다. 마트에서 산 감자도 심을 수는 있지만 씨감자는 바이러스에 걸리지 않는 무병화 인증을 받아 더 마음이 놓인다.

씨감자에 싹을 틔워 심는 것도 좋은 생각이다. 이렇게 하면 새싹 출현율을 앞당겨 수확량을 높일 수 있다. 씨감자는 빈 달걀판에 감자 눈이 위쪽으로 향하도록 놓고 시원하고 밝은 곳에 둔 다음, 싹이 2.5cm까지 자라면 심는다. 최소 6주 안에는 싹을 틔워 심어야 한다.

▎감자 심는 법

조생종 감자는 초봄에 심어 10~12주 안에 수확하고, 중생종 감자는 봄 중순에 심어 14주 안에 수확할 수 있다.

만생종 감자는 봄 중하순에 심고 6~8주 안에 수확 가능하다.

구덩이를 길게 파서 한 줄로 심거나 감자당 구멍 하나를 파서 심는다. 감자 덩이줄기를 대략 15㎝ 깊이, 30㎝ 정도 간격으로 줄 맞춰 심자. 파낸 흙으로 덩이줄기를 덮는다.

2~3주 지나면 새싹이 흙을 뚫고 올라오기 시작할 것이다. 새싹이 15㎝ 높이까지 자라면 갈퀴로 흙을 모아 덮어준다. 이처럼 감자 줄기 밑동에 흙을 모아주는 작업을 '북주기'라고 하는데, 덩이줄기를 더 풍성하게 해주고 감자가 햇볕에 노출되어 녹색으로 변하는 현상을 막는다. 건조한 날씨에는 물을 충분히 주자.

햇감자는 꽃이 피면 수확하고, 만생종 감자는 잎이 지기 시작할 때 수확할 수 있다. 감자가 다치지 않도록 옆쪽에서 쇠스랑으로 살살 파내자. 만생종 감자는 마대나 종이 포대에 담아 시원하고 어두운 곳에 보관한다.

분갈이용 배양토 포대 이용하기

감자 화분 대용으로 그만이다. 포대 바닥에 배수구를 여러 개 내고 포대에 분갈이용 배양토를 반 정도 채운 다음 남은 포대 윗부분은 흙 바로 위까지 접어 내린다. 씨감자 두세 개를 분갈이용 배양토에 묻는다. 일주일에 두세 번 물을 주고 새순이 올라오기 시작하면 배양토를 약간 더 넣어서 덮은 뒤, 포대의 접은 부분을 펼쳐준다. 한 달에 한 번 유기질 액비를 주자. 꽃이 피면 조생종과 중생종을 수확하고, 감자 잎이 시들기 시작하면 포대를 비우고 만생종 감자를 수확한다.

과일*

슈퍼마켓에서 파는 과일은 맛보다 모양이나 저장성이 우선이다. 이 가운데는 냉장 보관 시 품질 저하를 막기 위해 과도한 화학 약품 처리를 하는 것도 있다. 집에서 키우는 과일은 더 건강할 뿐만 아니라 맛도 훌륭하다. 마트에 없는 독특한 품종을 키워 먹는 재미도 있다.

과일 덤불과 나무는 해가 잘 들고 배수가 좋은 흙에서 잘 자란다. 이제부터 소개할 과일들은 노지에 심을 수 있고, 대부분 화분에서도 잘 자란다(110~115쪽 참고).

● **블루베리**: 해가 잘 들면서 촉촉하고 배수가 잘되는 산성 토양에 심는다. 알칼리성 토양을 좋아하지 않으므로 pH 수치를 확인하고 심자(34~35쪽 참고). 진흙이 많은 식토도 좋아하지 않아서 화분에서 키워야 수확량이 더 많을 것이다(112쪽 참고). 철쭉과 식물에 쓰는 유기질 액체 비료를 준다. 블루베리는 자가 수분하지만 다른 종 옆에 심으면 열매를 더 많이 맺는다. 열매가 잿빛이 섞인 파란색을 띠면 다 익은 것이다.

● **레드커런트와 화이트커런트**: 볕이 좋고 비바람이 들이치지 않는 곳에서 잘 자라지만 그늘이 약간 있는 정도는 괜찮다. 햇볕을 받으며 자라야 빨리 익고 당도도 높아진다.

초봄에 원예용품점이나 종묘사에서, 어느 정도 자라 줄기가 3~5개 달린 모종을 구입하여 화분에 심겨 있을 때와 같은 깊이로 야외에 심는다. 멀칭을 해주고, 물은 너무 많이 주지 않는다. 많이 자란 관목은 아주 건조하지 않는 한 물을 주지 않아도 되며, 겨울에는 가지치기가 필요

❖ 나라마다 과일과 채소를 조금씩 다르게 분류한다. 이 책은 원서의 분류를 따른다. -편집자

하다.

- **라즈베리:** 늦가을이나 초봄에 약간의 퇴비를 섞은 비옥한 흙에 약 60㎝ 간격으로 줄지어 심는다. 다양한 품종을 키우고 수확할 수 있는데, 여름과 가을에 수확하는 종이 각각 다르므로 공간이 있다면 두 종류를 같이 심어서 더 오래 즐기자. 라즈베리는 가지치기를 해줘야 다음 해에 열매를 많이 맺는다. 여름에 열리는 라즈베리는 열매를 맺은 뒤에, 가을에 열리는 라즈베리는 봄에 가지를 쳐준다. 여름에 열매를 맺는 라즈베리는 작년 나무에 열린 것이므로 묵은 줄기는 자르고 초록색 새 줄기는 남겨둔다. 가을에 열리는 라즈베리 줄기는 거의 지면 높이까지 잘라도 된다.

- **루바브:** 늦가을이나 초봄에, 뿌리보다 두 배 큰 구멍에 휴면 중인 루바브 뿌리를 심는다. 구멍 아랫부분에 퇴비나 컴프리 잎 더미를 약간 넣고, 뿌리 끝이 흙 밖으로 나오도록 심자. 루바브는 탁 트인 장소와 비옥한 속흙을 좋아한다. 유기질 액체 비료와 물을 잘 챙기자. 첫해에는 잎자루를 수확하지 말고, 다음 해에 잎자루를 약간 따주며, 3년째부터 잎자루의 절반까지 수확한다.

- **딸기**: 뿌리가 노출될 만큼 자란 딸기 모종이나 화분에서 어느 정도 자란 모종을 고른다. 잔가지가 빽빽하고 수많은 뿌리가 달린 모습일 것이다. 잔가지 사이에 딸기 관부(크라운)가 있으며, 여기서 분홍색 딸기가 비죽 얼굴을 내민다. 딸기 모종은 보통 가을에 심는데, 겨울에는 실내나 온실에 심는다. 작은 화분(큰 요구르트 병이 좋다)에 질 좋은 분갈이용 배양토를 채우고 중간에 구멍을 판 뒤 뿌리를 살짝 비틀어 구멍에 맞춰 넣는다. 화분에 넣기에 뿌리가 너무 두껍거나 길면 뿌리 아랫부분을 잘라내야 할 수도 있다. 관부의 분홍색 끝을 배양토 표면에 둔 뒤 구멍을 메운다. 봄에 노지에 옮겨 심고 여름에 수확한다. 늦봄에 모종을 샀다면 곧바로 노지에 심으면 된다.

딸기 종은 열매를 맺는 시기에 따라 세 가지로 구분할 수 있다. 따라서 종류별로 조금씩 사서 시차를 두고 딸기를 수확하면 좋다. 짚이나 잘라낸 잔디를 한 겹 깔아 딸기를 보호하고 새의 공격에 주의한다. 가을에는 포복지(땅 위로 뻗어 나오는 줄기)를 제거하고 개별 화분에 옮겨 심는다. 포복지를 자르지 않고 두면 다음 해에 작은 딸기를 맺는다.

█ 과일나무

식용 정원에 과일나무를 심어보자. 봄에 아름다운 꽃을 피우고 꽃가루 매개충에게 필수인 꿀을 공급하며, 다 자라고 나면 풍성한 열매를 선물한다.

사과, 무화과, 배, 복숭아, 자두, 살구 등 집에서 키울 수 있는 과일나무가 아주 많다.

자가 수분을 하는 나무도 있고, 타가 수분을 하는 나무도 있는데, 도시 정원이라면 근처에 다른 과일나무가 있을 가능성이 높아 수분 걱정은 하지 않아도 된다. 하지만 시골에 산다면 암수나무 한 쌍을 심는 게 좋다. 야생 능금나무는 사과나무와 유전자 호환이 가능하며, 긴 시간 동안 많은 꽃을 피우므로 사과나무에 꽃가루를 옮기기 좋다.

과일나무를 다른 뿌리줄기에 접목해 나무의 키를 제한하고 질병 저항력을 높일 수 있다. 뿌리줄기는 대개 왜성이거나 반왜성, 반강건성으로 왜성 나무는 키가 3m 이하, 반왜성 나무는 4m 이하, 반강건성 나무는 5m 이하로 자란다. 또한 화분에서 키울 수 있는 극왜성종도 있다.

정원이 작다면 과일나무를 한 그루 정도만 심는 것도 좋다. 과일나무는 코돈cordon, 에스펠리어espalier, 부채꼴fan, T자형step-over 수형으로 가꿀 수 있다. 코돈식 수형은 원줄기를 따라 짧은 열매 가지를 일정한 간격으로 키우고, 에스펠리어는 가운데 원줄기를 두고 큰 가지 두세 개를 양쪽으로 길게 키운다. 부채꼴 과일나무는 가지가 많아 벽이나 울타리에 붙여서 키워야 한다. T자형은 화단, 잔디밭 둘레, 벽에 테두리를 만드는 용도의 한 단짜리 에스펠리어다.

볕이 잘 드는 곳, 배수가 잘되는 흙에 과일나무를 심자. 화분에서 키운 나무는 초가을이나 봄에 옮겨 심는다. 맨뿌리묘 상태의 나무는 늦가을, 땅이 얼지 않았다면 겨울에 심는다. 뿌리나 화분과 같은 깊이로, 3분의 1 더 넓게 구멍을 판다. 화분에 심은 나무를 구입했다면 물을 충분히 준 다음 적어도 1시간 정도 뒀다가 화분에서 뺀다. 맨뿌리묘 상태의 나무라면 물을 받은 양동이에 최소 2~3시간 담갔다가 심는다. 나무를 구멍에 놓고 지주대를 설치한다. 나무가 지주대에 쓸리지 않도록 지주대에 황마 끈을 묶고, 흙으로 구멍을 메운 뒤 살며시 눌러준다. 심은 뒤에는 물을 충분히 주자.

화분, 높임 화단에서 재배하기

나는 작은 뒷마당에 대개 절화와 여러 해살이 식물을 재배하지만, 허브와 제일 좋아하는 식용작물을 키울 공간도 늘 마련해 둔다. 주로 강낭콩, 완두콩, 샐러드용 잎채소, 루콜라, 시금치, 그리고 몇 가지 샐러드용 감자를 전부 화분에 재배하는데, 어떤 화분은 고철 처리장에서 얻었고, 또 어떤 화분은 오래된 물뿌리개나 과일 상자를 활용해 만들었다.

식용작물을 키우기에는 큰 화분이 좋다. 화분이 클수록 분갈이용 배양토를 더 많이 담을 수 있어 수분 보유 시간도 길고 양분도 더 많이 머금는다. 화분의 크기는 물론, 모양, 색깔, 재료역시 분갈이용 배양토의 함수율과 온도에 영향을 미친다. 원형, 사각형, 타원형 화분은 원뿔형 화분보다 수분 보유력이 좋다. 밝은색 화분은 빛을 반사하여 흙이 더 촉촉하고 시원하게 유지되는 반면, 어두운 색 화분은 열을 흡수해 흙이 더 빨리 마른다.

- **토분**: 저렴한 편이어서 정원에서 흔히 쓰이며, 쓸수록 예뻐진다. 하지만 다공성이라 공기와 물이 화분 벽으로 빠져나가 흙이 빨리 마르므로 식물을 심기 전날 토분을 물이 담긴 양동이에 밤새 담가 불려 준다. 이렇게 하면 흙이 마르지 않고, 추운 날씨에 화분이 갈라지는 걸 방지할 수 있다. 화분이 너무 커서 양동이에 담그기 불편하다면 화분 안에 물을 채워 자연 증발하게 둔 뒤 식물을 심는다.

- **유약 토분**: 주로 테라코타로 만들어 표면에 유약을 바른 화분이다. 유약은 공기와 물이 화분 벽으로 빠져나가지 않도록 하므로 수분 보유력이 더 좋아진다.

- **패브릭 화분**: 다양한 크기와 스타일로 판매되는 패브릭 화분은 가볍고 내구성이 강하며, 세탁해서 보관했다가 다음 계절에 또 사용할 수 있다.

- **재사용/재활용/업사이클링:** 플라스틱 화분, 금속 소쿠리, 와인 상자, 오래된 양동이, 도자기 싱크대 등은 모두 화분으로 다시 사용할 수 있다. 적당한 물구멍을 낼 만하고 깨끗한 것을 고르자.

식용작물 재배에 적합한 질 좋은 분갈이용 배양토를 용기에 채운다. 정원의 흙은 사용하지 않는 편이 좋은데, 이 흙은 빨리 굳고 잡초와 해충이 들어있을지도 모르기 때문이다. 재배가 끝나면 다 쓴 배양토는 화단에 부어서 멀칭용으로 사용한다.

화분에서 키우기 제일 좋은 작물은 주기적으로 수확할 수 있는 채소다. 토마토, 샐러드용 잎채소, 시금치, 무, 비트 모두 괜찮다. 콜리플라워와 양배추 같은 일부 채소는 화분에서 재배할 수는 있지만, 식물 하나당 큰 화분이 필요하고 자라는 데 오래 걸린다. 매일 6시간 정도 직사광선을 쬐어야 하는 식물이 대부분이지만, 일부 작물은 약간 그늘진 곳에서도 잘 자란다(103쪽 참고). 화분에서 키우는 채소에는 주기적으로 물을 주자. 날씨가 따뜻할 때는 주 2회 물을 줘야 할 수도 있다. 2주에 한 번씩 유기질 액체 비료를 준다.

다음은 화분에서 잘 자라는 과일과 채소 목록이다. 대부분 직파가 가능하지만 어떤 작물은 실내에서 파종해 옮겨 심는 것이 좋다(62~63쪽 실내 파종 정보 참고). 과일나무도 화분에서 키울 수 있다(108~109쪽 참고).

화분용 식용작물

- **가지**(최소 화분 크기-20㎝ 깊이): 실내에서 파종한 뒤 모종을 옮겨 심는다. 어두운 색 화분에 심어야 열이 빠져나가지 않으며 화분 하나당 모종 하나를 심는다. 지주대가 필요할 수도 있다.

- **비트**(최소 화분 크기-25㎝ 깊이): 약 1㎝ 깊이로 씨앗을 심은 뒤 물을 충분히 준다. 간격이 7㎝ 정도 되도록 모종을 솎아낸다.

- **블루베리**(최소 화분 크기-45㎝ 깊이): 화분 하나당 하나씩 심는다. 블루베리는 산성 토양에서 자라야 하므로 화분에 철쭉용 분갈이 배양토를 넣어주자. 두 종의 블루베리를 나란히 심으면 타가 수분을 해서 더 많은 열매가 달린다. 유기질 액체 비료도 철쭉과 식물에 적합한 종류로 줘야 한다.

- **당근**(최소 화분 크기-일반 당근 30㎝ 깊이, 더 작은 종 15㎝ 깊이): 씨앗을 약 1㎝ 깊이로 화분에 심은 뒤 물을 충분히 준다. 모종을 솎아내 5㎝ 정도의 간격을 만든다.

- **근대**(최소 화분 크기-25㎝ 깊이): 화분에다 약 1㎝ 깊이, 2.5㎝ 간격으로 씨를 심는다. 모종을 솎아 6㎝ 정도 간격을 준다. 겉잎을 먼저 수확하고 작고 연한 잎은 더 키운 뒤 나중에 자른다.

- **애호박**(최소 화분 크기-30㎝ 깊이): 작은 테라스용으로 찾아보자. 실내에서 파종한 다음 화분 하나당 하나씩 모종을 옮겨 심는다.

- **무화과나무**(최소 화분 크기-처음 화분보다 한 사이즈 큰 화분): 어느 정도 자란 묘목을 구입한다. 분갈이용 흙에 정원용 퇴비를 약간 섞어 심고 물을 충분히 준다. 열매가 달리면 2~3주에 한 번씩 유기질 액체 비료를 주자. 겨울에는 나무를 창고나 무가온 온실*로 옮겨놔야 한다. 살짝 가지치기가 필요할 수도 있으니 온라인에서 영상 자료를 찾아 참고하자.

- **적화강낭콩**(최소 화분 크기-30㎝ 깊이): 왜성종은 화분에서 키우는 게 제일 좋다. 5㎝ 깊이, 약 10㎝ 간격으로 콩을 심는다. 지주대가 필요할 것이다.

- **케일**(최소 화분 크기-30㎝ 깊이): 소형종이나

❖ 무가온 온실은 온도 유지 시설 없이 비바람만 막아준다. -편집자

왜성종을 선택한다. 실내에서 파종하고 모종을 옮겨 심는다. 겉잎을 먼저 수확하고 작고 연한 잎은 더 키워서 나중에 자른다.

- **상추**(최소 화분 크기-15㎝ 깊이): 화분에 씨를 뿌린 뒤 분갈이용 배양토로 살짝 덮고 약 7㎝ 간격이 되게 주기적으로 솎아낸다. 겉잎을 먼저 수확한 다음 작고 연한 잎은 더 키워서 나중에 수확한다.

- **완두콩**(최소 화분 크기-15㎝ 깊이): 키가 작은 소형종이나 왜성종을 고른다. 파종하기 24시간 전에 씨앗을 물에 담가두면 발아 속도를 앞당길 수 있다. 실내에서 파종하거나 직파한다.

- **피망**(최소 화분 크기-30㎝ 깊이): 실내에서 파종하고 모종을 옮겨 심는다. 화분 하나당 하나씩 심으며, 지주대가 필요할 수도 있다.

- **고추**(최소 화분 크기-30㎝ 깊이): 실내에서 파종하고 화분당 하나씩 모종을 옮겨 심는다. 지주대가 필요할 수도 있다. 식물이 15㎝까지 크면 생장점을 잘라 웃자람을 방지하고, 모종의 꽃을 모두 제거한 뒤 옮겨 심는다.

- **무**(최소 화분 크기-15㎝ 깊이): 일정한 간격을 두고 약 1㎝ 깊이로 화분에 씨를 뿌린 뒤 물을 충분히 준다. 5㎝ 간격 정도로 모종을 솎아준다.

- **라즈베리**(최소 화분 크기-30㎝ 깊이): 화분에 키우기 좋은 작은 라즈베리 묘목을 구입한다. 화분에 묘목 하나당 구멍을 하나씩 내고, 묘목 간 일정한 간격을 두고 심는다. 구멍에 분갈이용 배양토를 채운 뒤 물을 충분히 준다.

- **루콜라**(최소 화분 크기-30㎝ 깊이): 흙 표면에 씨앗을 심고 분갈이용 배양토로 살짝 덮은 다음 분무기로 물을 준다. 흙을 촉촉하게 해주고, 2.5㎝ 정도 간격으로 모종을 솎아낸다.

- **시금치**(최소 화분 크기-15㎝ 깊이): 화분에 약 1㎝ 깊이로 씨앗을 심은 뒤 물을 충분히 준다. 모종을 솎아내 5㎝ 정도 간격을 만들고, 겉잎을 먼저 수확한 다음 작고 연한 잎은 더 키워서 나중에 수확한다.

- **딸기**(최소 화분 크기-10㎝ 깊이): 108쪽에 소개한 딸기 키우는 방법을 따른다.

- **토마토**(최소 화분 크기-30㎝ 깊이): 화분에 들어갈 만한 작은 관목 종류를 고른다.

실내에서 파종하고 화분 하나당 모종 하나씩을 옮겨 심는다. 토마토는 수분을 많이 필요로 하므로 물을 충분히 줘야 한다(102쪽 참고). 멀칭을 해주면 화분에서 자라는 토마토가 수분을 머금는 데 도움이 된다(36쪽 참고).

높임 화단

정원에 여유 공간이 있다면 더 많은 작물을 심을 수 있는 높임 화단을 조성하자. 지면에서 높이를 띄워 설치하는 높임 화단은 배수가 잘되고 토양 온도를 높여주며 식물을 심기 불가능한 곳에도 설치할 수 있어 채소를 재배하기 좋다.

우선 높임 화단의 길이와 너비를 정한다. 공간이 작다면 가로세로 각 1.2m가 적당하다. 가장 흔한 크기는 가로 1.2m, 세로 2.4m인데, 이는 사방 어느 쪽에서든 화단 가운데까지 손을 뻗어 작물을 돌볼 수 있는 크기이다. 일반적인 깊이는 30cm로, 대부분 작물의 배수가 원활히 이루어지는 높이이다.

높임 화단을 포장된 바닥에 설치한다면 화단을 더 깊게 만들어 뿌리가 자랄 공간을 충분히 확보하는 것이 좋다.

원예용품점에서 완제 높임 화단을 살 수 있지만, 재생 재료로 쉽게 만들 수도 있다. 벽돌, 목재, 펠릿, 통나무를 주로 쓰는데, 방부제를 바른 목재는 피하자. 목재 제작 과정에서 사용된 화학 약품이 흙에 스며들 수 있기 때문이다. 높임 화단 안쪽에는 빈 배양토 포대나 신문지, 질 좋은 깔개를 깔아준다. 자세한 방법은 온라인 영상 자료를 참고하자.

식물은 보통 하루에 적어도 6시간 동안은 햇볕을 쬐어야 잘 자랄 수 있으므로 높임 화단은 해가 잘 드는 곳에 설치해야 한다. 질 좋은 표토와 직접 만든 퇴비를 반반의 비율로 채운다. 일주일에 한 번 작물에 유기질 액체 비료를 주고(40~45쪽 참고), 재배가 끝나면 유기질을 한 겹 덮어준다.

식물을 심을 때는 일조량과 바람을 모두 고려해야 한다. 커다란 덩굴식물이 빛을 가리면 작은 작물들이 햇볕을 충분히 받지 못할 수 있다. 바람이 많이 부는 자리에 화단을 설치했다면 키가 큰 식물은 지주대를 대주거나 격자 시렁에 고정해 주어야 한다.

피자 정원 가꾸기

늦봄이면 용기 하나에 토마토와 신선한 허브를 가득 심는다. 나중에 수확해 피자에 넣을 녀석들이다. 나는 오래된 빈티지 에나멜 그릇을 쓰는데, 각자 원하는 커다란 용기를 골라 피자 정원을 가꿀 수 있다.

빈티지 용기를 쓰거나 집에서 쓰던 물건의 용도를 바꾸어 정원을 꾸며보자. 우선 용기를 따뜻한 비눗물에 씻은 뒤 헹궈서 말린다. 이때 용기 바닥에 구멍을 여러 개 뚫어 적당한 배수구를 만들어줘야 한다. 나무 상자는 안쪽에 빈 배양토 포대나 쓰레기봉투를 깐 다음 분갈이용 배양토를 넣어야 한다. 안쪽 깔개에도 구멍을 몇 개 뚫어 적당한 배수구를 만들자.

채소 재배에 적합한 질 좋은 분갈이용 배양토를 사용한다. 나는 흔한 피자 재료인 바질과 오레가노를 즐겨 키우는데, 취향에 따라 타임이나 마저럼, 로즈메리를 심어도 괜찮다. 텀블링 방울토마토를 심으면 토마토 줄기가 용기 옆쪽으로 늘어지며 자라므로 지주대를 받쳐주지 않아도 된다. 나는 루콜라도 피자 정원에 심는다. 톡 쏘는 쌉쌀한 맛이 있는 루콜라잎을 피자의 토핑으로 얹어 먹으면 맛있다. 화분 크기가 넉넉하다면 크기가 작은 고추를 심어도 좋다.

피자 정원 만드는 법

준비물:

- 텀블링 방울토마토 2포기
  (화분에서 키우기 적당한 종)
- 화분에 심은 오레가노 1개
- 화분에 심은 바질 1개
- 봉투에 든 루콜라 씨앗 1개
- 질 좋은 분갈이용 배양토
- 큰 용기 1개
- 모종삽

1. 토마토와 허브에 물을 충분히 주어 준비한다.
2. 선택한 용기에 분갈이용 배양토를 채운다. 모종삽을 이용해 배양토 중앙에 구멍을 판다. 화분에서 바질을 꺼낸 뒤 구멍에 넣는다.
3. 용기 양쪽에 구멍을 두 개 판다. 텀블링 방울토마토를 화분에서 꺼낸 뒤 구멍에 하나씩 넣는다.
4. 용기 앞쪽에 구멍을 하나 더 판다. 오레가노를 화분에서 꺼낸 뒤 구멍에 넣는다.
5. 용기 뒤쪽 흙 표면에 루콜라 씨를 드문드문 뿌린다. 분갈이용 배양토를 약간 더 넣어 살짝 덮어준 다음 분무기로 물을 준다.
6. 따뜻하고 해가 잘 드는 곳에 둔다. 모종에는 물을 분무해 주고 토마토에는 주기적으로 물을 준다. 허브에는 물을 과하게 주지 않는다.
7. 루콜라를 약 2.5㎝ 간격으로 자라게끔 솎아낸다.
8. 재배 기간 동안 2주에 한 번씩 유기질 액체 비료를 준다(40~45쪽 참고).

7.
절화(컷플라워) 정원

절화 정원 가꾸기

예전에는 자연 친화나 환경 보호 같은 건 딱히 생각지 않고 슈퍼마켓이나 시장에서 꽃을 즐겨 샀다. 그러다가 유독한 살충제에 절어가며 해외의 거대한 가온 온실에서 재배되는 꽃들이 정말 많다는 사실을 알게 되었다. 이렇게 수확한 꽃은 저온 창고에 보관되었다가 냉장 트럭과 비행기에 실려 수천 킬로미터를 이동해 목적지에 도착한다. 재활용되지 않는 비닐로 꽃다발을 포장하고, 시든 꽃은 퇴비로 만드는 대신 대부분 쓰레기 매립지로 보낸다. 요컨대 수명이 극도로 짧은 상품치고 엄청난 탄소발자국을 남기는 것이다. 집 근처 화훼 농원을 이용하거나 집에서 절화를 직접 키우면 환경에 주는 피해를 줄이는 동시에 꽃가루 매개충에게 식량을 공급해 줄 수 있다.

꽃을 샀든 직접 키웠든, 절화에 비료를 주면 더 오랫동안 건강하고 신선하게 유지된다. 가장 효과적인 방법은 설탕 1큰술과 식초 2큰술(백식초나 사과식초)을 물에 넣어 잘 섞는 것이다. 설탕물은 꽃에게 좋은 양분이지만 박테리아가 생겨 시들고 잎이 끈적끈적해질 수 있다. 식초 속 항균 성분이 박테리아 생성을 막아준다. 이틀에 한 번씩 이 물을 바꿔주는데, 설탕과 식초를 넣은 뒤 꽃을 다시 꽂자.

봄이 되면 슈퍼마켓과 꽃집에 히아신스, 튤립, 수선화가 가득하다. 다 같이 화병에 꽂아놓으면 아름다워 보이지만, 수선화는 자르면 수액을 내뿜어 물과 다른 꽃들을 오염시킬 수 있다. 이를 피하려면 수선화를 항상 맨 마지막에 다듬고 찬물이 든 용기에 밤새 담가뒀다가 아침에 화병에 꽂는 것이 좋다.

꽃을 고르고 키우는 꿀팁

적절한 환경

절화는 볕이 좋은 곳에서 잘 자란다. 바람이 부는 곳, 특히 줄기가 긴 종을 키울 때는 바람이 심한 곳은 꼭 피하자. 바람에 꽃이 꺾일 수 있다. 일반 화단이나 높임 화단, 또는 용기를 준비해 꽃을 심는다. 꽃은 비옥하고 잡초가 없는 땅에서 잘 자라므로 유기질을 넉넉히 넣어(36~39쪽 참고) 토양의 수분 보유력과 배수력을 높여준다.

계획하기

반드시 개화 시기를 고려하자. 봄, 여름, 가을에 꽃을 피우는 종을 두루 선택하면 재배 기간 내내 다양한 꽃을 수확할 수 있어서 좋다. 공간이 좁다면 계절별로 꽃을 피우는 한두 종을 고르고, 한 해 동안 지속적으로 개화하는 꽃을 추가해 수확량을 극대화하는 계획을 짜도 좋다.

화초 종류

절화용 화초에는 크게 네 종류가 있다.

- **한해살이 화초**: 초봄에 파종하고 여름에 수확한다. 이런 화초는 가을에 시들어 죽으며 대개 반내한성 내지 내한성 한해살이풀로 분류된다. 반내한성 화초는 실내에서 파종하고 서리가 지나간 뒤 밖에 옮겨 심는다. 내한성 화초는 꽃을 피울 자리에 노지 파종한다.
- **구근 화초, 알줄기 화초, 덩이뿌리 화초**: 대개 가을이나 봄에 심는 이런 화초는 땅속에서 뿌리를 내린 다음 흙을 뚫고 나와 꽃을 피운다. 종류에 따라 다르지만, 주로 봄에서 가을까지 개화한다.
- **두해살이 화초**: 2년을 사는 화초로 첫해에 잎이 달리고 두 번째 해에 꽃을 피운다. 두해살이 화초는 대부분 자연 파종해 다음 해에 다시 자라고, 이 과정을 반복한다. 초여름에 파종하여 늦여름에 노지에 옮겨 심으면 다음 해 봄에 개화한다.

- **여러해살이 화초**: 여러해살이 화초는 여름과 가을에 개화해 겨울에 진다. 하지만 매년 봄에 다시 자라 키가 더 커지고 더 많은 꽃을 피운다.

꽃의 키

계획을 짤 때 다 자란 꽃의 키가 어느 정도인지 꼭 확인하자. 키가 작은 종은 키가 큰 꽃의 앞쪽에 심어야 햇빛과 물을 충분히 공급받을 수 있다.

지주대 설치

키가 큰 꽃을 키우려면 꽃밭이나 높임 화단, 화분에 지주대를 대주는데, 대나무와 노끈으로 간단히 만들 수 있다. 각 모종 옆에 대나무 지주대를 세우고, 식물이 자라면 노끈을 사용해 약 20cm 간격으로 줄기를 지주대에 느슨하게 묶어준다. 스위트피를 키운다면 대나무 지주대로 격자 시렁, 원뿔 지지대를 만들어도 좋으며, 아예 철제 덩굴시렁을 구입하는 방법도 있다. 철제 덩굴시렁은 사두면 수년간 쓸 수 있고 바람이 부는 곳에서 식물을 단단히 받쳐준다(빈티지 시장이나 중고 건재상에서도 흔히 찾을 수 있다).

파종

- **실내 파종**: 씨앗 봉투에 적힌 설명을 꼼꼼히 읽은 후 파종한다. 화초에 맞는 크기의 화분을 선택한 뒤(플라스틱 용기로 화분 만드는 방법은 65쪽 참고) 질 좋은 파종용 배양토를 넣는다(63쪽 참고). 씨앗에 빛과 열을 충분히 공급해야 발아가 잘된다. 화초를 많이 키울 계획이라면 식물 생장등을 설치하는 편이 좋지만, 모종판 두세 개에만 키울 거라면 해가 잘 드는 창턱에만 두어도 충분하다. 모종을 노지에 옮겨 심기 전에 반드시 환경에 적응시켜야 한다. 그래야 외부의 갑작스러운 온도 변화에 살아남을 수 있다.

  비바람이 들이치지 않는 외부 공간에 모종판을 최소 4시간 정도 뒀다가 다시 실내로 들여놓자. 이 과정을 적어도 일주일 동안 매일 반복하면서 밖에 놓아두는 시간을 조금씩 늘린다. 모종이 외부 환경에 완벽히 적응하면 옮겨 심는다.
- **직파**: 씨앗 봉투에 나오는 설명을 꼼꼼

히 읽은 뒤 파종한다. 한해살이 화초의 씨앗을 노지에 약 3~4㎝ 간격으로 줄지어 심거나 집단 파종한다. 한해살이 화초는 서로 간격을 두고 자라는 걸 좋아하며 빛과 양분, 물을 놓고 다른 식물과 경쟁하는 걸 싫어한다. 크기가 작은 씨앗은 몇 알을 한꺼번에 심어야 하는 반면, 해바라기나 금잔화처럼 씨앗이 큰 화초는 한 알씩 3~4㎝ 간격으로 심는다.

흙 준비하기

화단이나 꽃밭, 높임 화단을 준비한 뒤 질 좋은 다용도 분갈이용 배양토를 흙에 넣어준다. 직파의 경우 응집력이 좋은 흙에서 발아가 잘된다.

화분 재배

화분의 크기를 신중히 고민해야 한다. 줄기가 굵고 두상화가 큰 화초는 지주대가 필요할 수도 있으므로 크고 무거운 화분을 고르자.

먼저 배수를 위해 자갈이나 깨진 화분을 넣어준다. 화분에 질 좋은 분갈이용 배양토를 채우고 모종을 심거나 씨앗을 뿌린다.

멀칭

깎은 잔디나 자른 잎 또는 짚으로 새 식물을 덮어준다. 이렇게 하면 잡초의 성장을 억제하고 수분 보유력을 높일 수 있다.

일상적인 관리

- **잡초 제거**: 잡초를 주기적으로 뽑아준다. 특히 여름철에는 잡초가 꽃밭을 뒤덮을 정도로 자라 식물의 성장을 방해할 수 있으니 꾸준히 제초해 주자.
- **곁순 제거**: 곁순을 따주면 식물이 많은 줄기를 내면서 무성해져 꽃을 더 많이 피운다. 첫 번째 꽃과 세 장의 떡잎이 나면 예리한 전지가위로 떡잎 윗부분을 잘라낸다. 줄기가 여러 개 생기는 한해살이 화초는 곁순을 따주고 줄기가 하나인 화초는 따지 않는다.
- **시든 꽃 제거**: 시들거나 상한 꽃은 따줘야 새순을 피울 수 있다.
- **물 주기**: 주기적으로 물을 주되 꽃이 피

기 시작하면 꽃송이가 상할 수 있으므로 위에서 물을 주는 두상관수는 삼가자(물 절약법은 20~23쪽 참고).

- **병충해:** 병에 걸린 식물은 즉시 제거해야 병의 확산을 막을 수 있다(자연방제법은 162~175쪽 참고).

수확하기

양동이에 깨끗한 찬물을 받아놓고 꽃을 자르자. 꽃송이가 완전히 벌어지기 전에 꽃을 수확하는데, 기온이 내려가는 아침이나 밤에 자른다. 줄기 가운데를 기준으로 아래에 있는 잎은 전부 제거하고 줄기를 물이 든 양동이에 넣는다. 양동이에 2~3시간 담가두었다가 꽃병에 꽂는다.

절화의 모든 것

여기에서는 꽃집에서 판매하는 꽃 가운데 가장 인기가 많은 수입종과 내가 개인적으로 좋아하는 꽃들을 다양하게 소개하려 한다. 전반적인 재배 정보를 담았지만, 필요한 조건이 더 갖춰져야 하는 종도 있으므로 반드시 알뿌리나 씨앗 봉투에 적힌 설명을 꼼꼼히 읽고 심도록 하자. 말려서 활용하기 좋은 꽃은 ✿로 표시했다.

- **부추속(구근식물)**✿: 해가 잘 드는 곳에 구근의 크기보다 최소 두 배 깊이로 심는다. 부추속은 여러해살이풀이며 간격을 널찍이 둬야 잘 자란다. 화단이든 폭이 깊은 화분이든 일정한 장소에 심으면 매년 꽃을 피워 보답할 것이다. 구근식물은 가을 초중순에 심어야 하는 반면, 화분에서 키우는 부추속은 초봄부터 내다 심을 수 있다. 봄과 초여름에 개화한다.

- **아미(내한성 한해살이풀)**✿: 해가 잘 드는 곳이나 약간의 그늘이 있는 곳에서 자라며 초여름부터 초가을에 개화한다. 초봄에 파종하며, 모종을 솎아 간격을 30㎝ 정도로 유지해 준다. 아미 꽃은 전호(생치나물)와 생김새가 비슷하여 꽃 장식을 할 때 빈 곳을 채워주는 용도로 자주 사용한다. 줄기가 길게 자라므로 지주대가 필요할 수도 있다.

- **아네모네(덩이줄기 식물)**: 가을에 3~4시간 동안 물에 담가두었다가 해가 잘 드는 곳에 심는다. 기온이 영하 3도 밑으로 내려가는 겨울에는 추가로 보호 장치가 필요할 수 있다. 초봄에 개화한다.

- **금잔화(내한성 한해살이풀)**: 초봄에서 늦봄
에 파종하면 늦여름과 초가을에 개화한
다. 곁순을 자르고(124쪽 참고) 시든 꽃을
따주면 더 많은 꽃을 피운다. 꽃은 먹을
수 있으며 샐러드에 잘 어울린다. 금잔
화에는 천연 항균 성분과 항진균 성분이
들어있어서 화장품과 비누를 만들어도
좋다.
- **카네이션(내한성 한해살이풀)**: 초봄부터 늦
봄까지 파종하며 여름 중순에서 초가을
에 개화한다. 해가 잘 드는 곳에 심고, 주
기적으로 시든 꽃을 따줘야 개화 기간을
늘릴 수 있다.
- **코스모스(한해살이풀)**: 초봄에 실내에서
파종한다. 한여름부터 가을 중순에 많
은 꽃을 피우며 키가 아주 크게 자라므
로 지주대를 대준다. 곁순을 자르고 시든
꽃을 따주면 좋고, 많이 수확할수록 많이
피기 때문에 절화 정원에서 키우기 제일
좋은 꽃이라 할 수 있다.
- **수선화(구근식물)**: 가을에 구근의 키보다
두 배 깊이 심는다. 봄에 꽃을 피우면 잎
이 누렇게 변하고 시들 때까지 놔둔 다
음 꽃대와 잎을 모두 잘라내어 광합성하

기 쉽게 해준다. 3~4년에 한 번씩 구근
을 분리해 수확량을 늘린다.
- **달리아(덩이줄기 식물)**: 봄에 마지막 서리
가 내린 다음 덩이줄기를 10cm 깊이의
구멍에 가로로 놓고 심는다. 달리아는 키
가 크고 무게도 나가므로 지주대가 필요
할 것이다. 키가 20cm쯤 됐을 때 곁순을
따주면 좋다. 한여름부터 늦가을까지 개
화하며, 꽃을 피운 뒤에 덩이줄기를 캐내
묻은 흙을 깨끗이 씻어내고 말려야 한다.
첫서리가 내리고 두어 주가 지난 다음
이렇게 해주면 덩이줄기가 휴면에 들어
가므로 썩는 걸 막을 수 있다. 모든 덩이
줄기를 상자나 화분에 넣어 배양토로 덮
어준다. 겨우내 시원하고 건조한 곳에 보
관했다가 봄에 옮겨 심는다.
- **안개초(내한성 한해살이풀)**✿: 영어로는 '아
기의 숨결Baby's Breath'이라는 별칭으로
불리며, 결혼식 부케에 많이 쓴다. 봄 중
순부터 초여름 사이, 해가 잘 드는 곳에
직파한다. 초여름부터 늦여름까지 꽃을
피우며, 개화한 뒤에는 전지를 해줘야 두
번째 꽃을 피운다.
- **루나리아 아누아(두해살이풀)**✿: 초여름

에 해가 잘 드는 곳이나 약간 그늘진 곳에 직파하면 다음 해에 개화한다. 루나리아 아누아는 반투명하고 종잇장처럼 얇은 꼬투리를 수확할 목적으로 재배하는데, 꼬투리가 동전을 닮아 영어로 '돈 식물Money Plant'이라고 불린다. 말려서 겨울용 꽃꽂이에 넣으면 정말 아름답다.

- **히아신스(구근식물):** 가을에 해가 잘 드는 흙에 최소 10㎝ 깊이로 심는다. 히아신스 구근은 피부에 자극을 줄 수 있으므로 반드시 원예용 장갑을 끼고 만지자. 봄 내내 꽃을 피우며, 초가을에 구근을 쪼개 심으면 새로운 개체가 번식한다.

- **가지제비고깔(반내한성/내한성 한해살이풀)** ❋ **:** 늦겨울과 초봄에 해가 잘 드는 실내에서 파종한다. 흙에 생분해성 화분을 넣고 화분당 하나씩 파종하거나(가지제비고깔은 옮겨 심는 것을 좋아하지 않는다.) 봄 중순에 직파한다. 저온 보관하면 발아 속도가 빨라지므로 가지제비고깔 씨앗을 냉장고에 일주일 정도 넣어뒀다가 파종하면 좋다. 모종은 약 20㎝ 간격이 되도록 솎아낸다. 여름 내내 꽃을 피우며, 주기적으로 시든 꽃을 따주면 개화 기간이 길어진다.

가지제비고깔 꽃잎은 말려도 색이 바래지 않아 결혼식에서 종종 쓰는 생분해성 색종이 꽃가루를 만드는 데 사용한다.

- **백합(구근식물):** 해가 잘 드는 곳에 최소 15㎝ 깊이로 구근을 심는다. 늦여름에서 초가을에 개화하며, 시든 잎을 따주면 더 많은 꽃을 피운다. 잎이 지면 묵은 꽃대는 전부 잘라낸다.

- **한련(내한성 한해살이풀):** 늦봄부터 한여름 사이에 노지에 파종하며, 여름부터 가을까지 개화한다. 한련은 타고 올라가는 습성이 있으니 지주대를 대줘야 한다. 과도한 습기를 좋아하지 않아 물을 너무 많이 주면 꽃보다 잎이 많아질 수 있다. 한련의 꽃과 잎은 먹을 수 있어서 샐러드나 수프, 심지어 잼(조림)에도 넣고, 꼬투리로는 피클을 담글 수 있다.

- **니겔라(내한성 한해살이풀)** ❋ **:** 봄 중하순에 해가 잘 드는 노지에 직파한다. 한여름부터 초가을까지 꽃을 피우며, 주기적으로 시든 꽃을 따주면 수확량이 늘어난다. 개화기가 끝난 뒤 꼬투리를 수확한다. 꼬투리는 말려도 예쁘고, 꼬투리 속 씨앗을 받아 다음 해에 심어도 된다.

- **양귀비**(내한성 한해살이풀)❀: 양귀비는 꼬투리를 수확해 드라이플라워 꽃꽂이에 사용하면 예쁘다. 서리가 지나간 뒤 봄에 직파하면 초여름에 꽃을 피운다. 꼬투리를 그대로 두면 자연 발아해 다음 해에 더 많은 줄기가 자라는데, 나는 주로 꼬투리를 잘라서 말린 다음 씨앗 일부를 보관했다가 정원의 다른 구역에 심거나 겨울에 상록수 리스와 꽃다발을 만들 때 사용한다.

- **라눙쿨루스**(구근식물): 기후가 온화한 지역이라면 가을에 해가 잘 드는 곳에 심는다. 하지만 추운 지역이라면 서리가 완전히 지나간 뒤 초봄에 심는 것이 제일 좋다. 심기 전에 실온의 물에 구근을 3~4시간 담가둔다. 10cm 간격으로 발톱처럼 생긴 끝부분을 아래로 향하게 하여 약 5cm 깊이로 심는다. 90일쯤 지나면 개화한다.

- **스타플라워 스카비오사**(내한성 한해살이풀)❀: 아름다운 꽃을 피우며 벌이 좋아하는 식물이지만, 정말 특별한 건 씨방이다. 늦봄과 초여름 사이에 직파하면 꽃은 늦여름부터 초가을까지 핀다. 주기적으로 시든 꽃을 따주면 더 많은 꽃을 피운다. 꼬투리가 연녹색을 띠고 별 모양의 중심부가 검은색이 되면 수확한다.

- **해바라기**(반내한성/내한성 한해살이풀)❀: 봄 초중순에 실내나 악천후를 피할 수 있는 곳에 파종한다. 해바라기는 재배하기가 쉬워서 아이들이 키우기 딱 좋다. 요구르트 병을 재활용해 심을 수 있는데, 요구르트 병 바닥에 가위로 구멍 두어 개를 뚫어 배수구를 만든 뒤 파종용 배양토를 넣고 화분당 하나씩 심는다. 물을 충분히 주고, 뿌리가 바닥의 구멍 밖으로 삐져나오면 노지에 옮겨 심는다. 늦봄부터 초여름 사이에 화분이나 화단에 직파해도 된다. 해바라기는 줄기가 길고 꽃이 무거워 지주대가 필요하다. 한여름부터 초가을까지 개화하며, 꽃은 말려서 겨울에 새 모이로 쓸 수 있다.

- **스위트피**(반내한성 한해살이풀): 초봄에 실내에서 파종하며, 씨앗을 8시간 동안 물에 담가둔 다음 뿌리면 발아를 앞당길 수 있다. 해가 잘 들고 비바람이 들이치지 않는 곳에 심는다. 주기적으로 시든 꽃을 따주면 오랫동안 꽃을 볼 수 있다.

- **튤립**(구근식물): 가을에 해가 잘 드는 곳에 심는다. 화단 또는 구근보다 2~3배 큰 화분에 구근 두 개 너비만큼의 간격으로 심고 흙으로 덮는다. 꽃봉오리 상태일 때 수확하며, 수선화처럼 잎이 누렇게 변할 때까지 기다렸다가 딴다.

8.
실내 정원

실내 정원 가꾸기

재미도 있고 시작하기에 부담도 없는 실내 정원을 가꿔보자. 바질, 루콜라, 어린잎채소(149~151쪽 참고)처럼 성공률이 높은 식물 한두 개를 선택하고, 박테리아나 해충이 들어있을지도 모를 노지 흙 대신 질 좋은 화분용 흙에다 심는다.

식물은 충분한 빛을 받아야 하지만 누렇게 시들 수 있으므로 직사광선은 피한다. 냉난방기를 사용할 때는 공기 중의 수분이 전부 증발하니 적어도 하루에 한 번 식물에 물을 주자. 공기를 순환시키면 식물이 질병에 강해지므로 가능하면 매일 일정 시간 동안 창문을 열어두거나 회전식 선풍기로 미풍을 틀어준다. 물 주는 시기를 파악하는 것도 중요한데, 겉흙이 허옇게 말라 보이고 화분이 가벼워졌다 싶으면 저면관수 트레이에 물을 채운 뒤 흙 색깔이 어두워질 때까지 화분을 30분 정도 담가놓는다. 연약한 모종은 분무기로 물을 뿌려주며, 일주일에 한 번 저면관수 트레이에 비료를 조금 넣어준다.

미술용 붓이나 면봉으로 직접 수분을 해줘야 하는 종도 있다. 자가 수분하는 식물은 꽃 안쪽을 붓이나 면봉으로 살짝 쓸어서 꽃가루를 암술(꽃 가운데 부분)로 옮겨준다. 수꽃의 꽃가루를 쓸어 암꽃의 암술로 옮겨줘야 하는 종도 있다. 온라인에서 종마다 다른 설명 영상을 찾아보자.

병해 예방 역시 중요하다. 계핏가루를 배양토 위에 뿌리면 벌레를 쫓을 수 있다. 화분에 물을 준 다음 사과식초 한 접시를 근처에 두면 해충이 꼬일 텐데, 이때 흐르는 찬물 아래 두고 식물을 헹궈서 벌레를 털어낸 다음 해충이 생긴 부분에 천연 살충제를 뿌린다.

실내 재배용 식용작물

과채

- **블루베리:** 해가 잘 드는 실내 창턱에서 키우기 제일 좋은 작물은 자가 수분을 하는 왜성종 블루베리다. 하지만 덤불이 50~100㎝까지 자랄 수 있으므로 충분한 공간과 적당한 크기의 화분이 있어야 열매가 많이 달린다. 블루베리는 배수가 잘되는 산성토를 좋아하므로 질 좋은 철쭉용 유기농 분갈이 배양토(112쪽 참고)를 넣어 화분에 심는다.

  열매를 얻으려면 하루 최소 6~8시간은 햇빛을 받아야 한다. 겨울에는 식물 생장등을 설치해 줘야 쑥쑥 자란다. 흙 윗부분 2.5㎝가 마를 때만 물을 주는데, 화분받침을 놓아 흘러나오는 물을 받는 걸 잊지 말자. 인공 수분을 해주면 열매를 잘 맺는다.

- **감귤류:** 씨앗을 심어 키우면 열매를 맺기까지 몇 년 동안 기다려야 한다. 열매를 빨리 얻고 싶다면 왜성종 나무를 키우자. 토분에 심고 감귤류용 분갈이 배양토와 비료를 써서 나무의 건강한 출발을 돕는다. 실온의 물로 흙이 아주 건조할 때만 물을 준다. 다만, 감귤류는 수분이 지속적으로 부족하면 성장이 힘들 수 있으니 주의한다. 매일 분무기로 물을 줘도 되지만, 나무 화분 아래 자갈을 넣은 트레이를 받쳐줘도 좋다. 화분에서 흘러나와 자갈 틈으로 들어간 물이 천천히 증발하며 습도를 유지한다.

  감귤류 나무는 매일 적어도 6~8시간 동안 햇빛을 받아야 하며, 찬바람이나 라디에이터 근처는 피하는 것이 좋다. 날씨가 따뜻할 때는 창문을 열어 공기가 통하게 해주고, 꽃은 인공 수분을 한다.

- **쿠카멜론:** 오이와 멜론 맛에 라임 맛까지 살짝 감도는 작고 맛있는 열매. 음료나 샐러드에 넣기 좋고, 오이처럼 피클을 만들 수도 있다. 화분에 심어 해가 잘 드는 실내 창턱에서 키울 수 있지만, 키가 크게 자라므로 덩굴이 매달릴 지주대가 필요하다.

우선, 젖은 키친타월에 씨앗을 올려놓고 따뜻한 장소에 둔다. 키친타월은 흠뻑 적시지 말고 축축한 상태로 유지하면서 싹이 트길 기다렸다가 실내용 분갈이 배양토를 넣은 화분으로 씨앗을 옮겨 심는다. 해가 잘 드는 곳에 두고 4~5일에 한 번씩 물을 준다. 인공 수분을 해주면 열매를 맺는 데 도움이 되며, 단단하고 큰 포도알만 한 크기가 됐을 때 수확한다.

- **딸기:** 씨앗을 심으면 열매를 맺기까지 일 년 이상 기다려야 하므로 맨뿌리 모종을 구입하는 것이 좋고, 포복지가 잘 생기지 않는 소형종을 구한다(108쪽 참고). 딸기는 뿌리가 얕아 작은 화분에서도 자랄 수 있으므로 창가 화단과 행잉 바구니에서 키우기에 안성맞춤이다. 화분이 크다면 여러 포기를 같이 키울 수도 있다.

심기 전에 마른 잎이나 포복지를 모두 제거하고, 뿌리를 가다듬어 모은 뒤 관부(크라운)가 흙과 평행을 이루도록 모종을 심는다. 물을 충분히 준 다음 해가 잘 드는 곳에 둔다. 이틀에 한 번씩 흙 상태를 확인하면서 흙 윗부분 2.5㎝가 말랐다싶으면 물을 준다. 꽃이 피기 시작하면 인공 수분을 해줘야 한다. 수직으로 자라는 알프스 딸기는 실내 정원에서 키우기 적당하다. 멀칭을 해줄 필요가 없어 손이 덜 가지만, 열매가 작고 수확량이 많지 않다.

- **토마토:** 실내에서 키우기엔 크기가 작은 방울토마토가 제격이다. 관목형 토마토는 지주대가 필요 없고 곁순도 나지 않아 행잉 바구니나 커다란 화분에서 잘 자란다.

토마토를 파종하기에는 빈 요구르트 병이 딱 좋다. 요구르트 병 바닥에 배수구를 두어 개 뚫는 걸 잊지 말자. 병에 질 좋은 파종용 배양토를 넣은 뒤 중앙에 씨앗 두 개를 놓는다. 배양토를 약간 더 부어 덮고 살짝 눌러준다. 흙이 말라 보일 때마다 물뿌리개로 물을 준다.

모종을 따뜻하고 해가 잘 드는 곳에 두고, 10~12㎝ 정도까지 자라면 옮겨 심는다. 커다란 화분이나 행잉 바구니에 실내용 분갈이 배양토를 채운 다음 떡잎 바로 아래까지 묻히도록 모종을 깊숙이 심자. 토마토 모종은 줄기 위쪽까지 솜털이 거의 없는데, 이 솜털이 흙에 닿으면 뿌리가 자라며 뿌리가 많을수록 토마토가 더 튼튼해진다. 해가 잘 드는 곳에 놓고 매일 흙 상태를 확인하며 흙 위쪽 2.5㎝가 마르면 물을 준다.

- **콩류:** 실내 정원이라면 화분에서 키우기 좋고 지주대가 필요 없는 관목 종류를 고른다(다양한 콩 종류는 96~97쪽 참고). 콩은 뿌리 조직이 크지 않으므로 깊이가 15㎝쯤 되는 화분을 골라 실내용 분갈이 흙을 넣어준다. 콩을 약 2.5㎝ 깊이, 5㎝ 간격으로 심은 다음 흙으로 덮고 물을 충분히 준다.

  해가 잘 드는 곳에 두고 흙을 촉촉하게 해주면 발아 속도가 빨라진다. 꽃과 열매가 맺히면 흙의 윗부분 2.5㎝가 마를 때까지 물 주는 횟수를 줄이자.

- **당근:** 소형종을 골라야 공간을 덜 차지하고 빨리 자란다. 커다란 화분이나 창가 화단에 실내용 분갈이 배양토를 30㎝ 깊이까지 채우고 흙을 적신 뒤 모종삽으로 섞는다. 흙 표면에 씨앗을 몇 개 뿌리고 살짝 덮은 다음 물을 충분히 분무한다. 6시간 이상 햇빛을 받을 수 있는 양지에 둔다.

분무기로 매일 흙에 물을 뿌려주고, 씨앗이 발아하면 모종을 솎아주자. 모종을 뿌리 근처에서 조심스럽게 잘라내 적어도 1㎝ 이상의 간격을 둔다. 이 과정을 2~3주에 한 번씩 반복해 5~7.5㎝ 간격으로 유지해 준다. 당근의 주황색 뿌리 윗부분이 흙을 밀고 올라오면 수확할 수 있다.

- **고추:** 고추 모종을 산 뒤 최소 25㎝ 높이의 화분에 실내용 분갈이 배양토를 넣어 옮겨 심는다. 흙이 완전히 마르면 물을 준다. 더 많은 열매를 얻고 싶다면 반드시 인공 수분을 해야 하므로 면봉이나 가는 미술용 붓으로 꽃가루를 옮겨준다(134쪽 참고).

- **케일:** 씨앗이나 모종을 심어 키운다. 씨앗의 경우, 물컵에 8시간 정도 담가뒀다가 심으면 발아를 앞당길 수 있다. 커다란 화분에 실내용 분갈이 배양토를 넣고 물로 적셔준다. 씨앗 3~4개를 1~2㎝ 깊이, 15㎝ 간격으로 심고 흙으로 살짝 덮는다. 씨앗을 키우는 것에 자신이 없다면 모종 두어 개를 사서 큰 화분에 심어보자.

해가 잘 드는 곳에 두거나 식물 생장등

을 설치한다. 흙이 마르면 물을 주고 성
장이 느리면 천연 비료를 약간 넣어준다
(40~45쪽 참고). 겉잎과 아래쪽 잎을 먼저
수확한다.

- **버섯:** 버섯 재배는 까다로운 편이지만
아주 불가능하지는 않다. 실내에서 잘 자
라는 버섯도 많은데, 초보자에게는 온라
인이나 원예용품점에서 판매하는 버섯
재배 키트를 사서 키우는 방법을 추천한
다. 밤버섯, 표고버섯, 느타리버섯, 포토
벨로버섯 등의 재배 키트를 구할 수 있
다. 키트 용기를 개봉한 다음 버섯에 물
만 뿌려주면 되니 어려울 것이 없다. 두
어 주가 지나면 첫 수확의 기쁨을 누릴
수 있다.
버섯을 처음부터 제대로 키우고 싶다면
전문 재배자용 버섯을 찾아보자. 주문 제
작 키트를 판매하면서 온라인 교육까지
제공하는 업체가 있을 것이다.

- **무:** 원형 용기나 직사각형 창가 화단에
심기 적당하다. 실내용 분갈이 배양토를
채운 다음 약 1~2㎝ 깊이, 5㎝ 간격으로
씨앗을 뿌리고 손가락으로 씨앗을 조심
스럽게 눌러 넣는다. 분갈이 배양토로 살

짝 덮고 물을 충분히 준다. 해가 잘 드는
곳에 두고 주기적으로 물을 준다. 무의
머리 부분이 흙을 밀고 올라오면 수확할
때다.

- **샐러드용 잎채소:** 여러 품종과 맛이 섞
인 혼합형 씨앗 봉투를 살 수 있다. 샐러
드용 잎채소는 뿌리가 얕아 중간 크기의
화분과 행잉 바구니에서도 잘 자란다. 선
택한 화분에 실내용 분갈이 배양토를 채
우고 흙 위에 씨앗을 뿌린 뒤 살짝 덮는
다. 분무기로 흙을 촉촉하게 적셔준다.
샐러드용 잎채소는 주기적으로 물을 분
무해 주면 좋으므로 되도록 매일 물을
주고, 해가 잘 드는 곳에 화분을 둔다. 잎
이 12㎝ 정도까지 자라면 수확하며, 주기
적으로 따준다(소위 '잎을 먹고 싶은 만큼 계속
따 먹을 수 있는' 채소다).

- **시금치:** 실내에서 재배하기 좋은 어린잎
시금치를 고른다. 시금치는 뿌리가 얕으
므로 약 12㎝ 깊이의 화분에 심어도 충
분하다. 화분에 실내용 분갈이 배양토를
채운 뒤 흙을 적셔준다. 씨앗은 적어도
12㎝의 간격을 두고 띄엄띄엄 심는다.
분갈이 배양토로 덮고 흙이 촉촉해질 때

까지 물을 뿌려준다. 해가 잘 드는 곳에 놓고 흙이 건조해지면 물을 주자. 잎이 12㎝ 길이로 자라면 수확한다.

허브

대부분의 허브는 실내에서 잘 자라며, 씨를 뿌려 키우기 좋은 종과 모종을 옮겨 심기 좋은 종으로 나뉜다. 2~3개월에 한 번씩 해초로 만든 액체 비료를 뿌려주면 좋으며(43쪽 참고), 배수가 원활해야 무럭무럭 자라므로 화분 밑에 돌이나 자갈 몇 개를 넣어 물이 잘 빠지도록 도와주자. 파종하거나 모종을 옮겨 심기 전에 흙을 먼저 적셔주고 해가 잘 드는 곳에 둔다. 허브는 습도가 높은 곳에서 잘 자라니 며칠에 한 번씩 물을 분무해 주면 좋다.

- **바질**: 원예용품점이나 종묘장에서 허브 화분을 구입한다. 더 큰 화분에 옮겨 심고 물을 충분히 준다. 147쪽에 줄기를 꺾꽂이하여 키우는 방법을 설명해 두었으니 이 방법도 시도해 보자.
- **차이브**: 씨를 심어 키우고 흙이 마를 때만 물을 준다(끝이 노랗게 변하면 물을 더 많이 주어야 한다).
- **고수**: 적어도 20㎝ 이상의 깊은 화분에 씨앗을 심는다. 밝은 곳에 두지 말고 흙이 아주 건조할 때만 물을 준다.
- **민트**: 모종을 사서 넓은 화분에 옮겨 심는다. 주기적으로 가지를 정리해 줘야 건강하고 잎이 무성하게 자란다. 흙을 촉촉하게 해주되 흠뻑 젖은 상태로 만들지는 말자.
- **오레가노**: 원예용품점이나 종묘장에서 허브 화분을 사서 더 큰 화분에 옮겨 심는다. 흙이 살짝 마를 때까지 기다렸다가 다시 물을 준다. 주기적으로 곁순을 따줘야 잎이 더 무성해진다.
- **파슬리**: 씨를 심어 해가 잘 드는 창턱에 둔다. 주기적으로, 흙이 흠뻑 젖을 정도의 물을 준다.
- **로즈메리**: 종묘장에서 작은 관목종을 사서 더 큰 화분에 옮겨 심는다. 로즈메리는 마른 흙을 더 좋아하므로 물은 조금만 준다.
- **세이지**: 종묘장에서 작은 화분을 산 뒤 큰 화분에 옮겨 심는다. 세이지는 내건성

식물이므로 흙이 아주 건조할 때만 물을 준다. 흰곰팡이병에 걸릴 수 있으니 병을 예방하기 위해 흙 표면에 작은 자갈을 몇 개 얹어주자.

- **타임**: 종묘장에서 작은 화분을 구입하거나 마트에서 허브를 구입하여 더 큰 화분에 옮겨 심는다. 타임은 내건성 식물이므로 흙이 아주 건조할 때만 물을 줘야 한다. 주기적으로 가지를 정리해야 튼튼하게 자란다.

싹채소

싹채소는 어린잎채소(149~151쪽 참고)❖와 더불어 실내에서 키우기 쉬운 작물이다. 흙에서 키우는 어린잎채소와 달리 싹채소는 수경 재배하는데, 빠른 속도로 발아하여 단 며칠이면 새싹을 수확할 수 있다. 새싹은 필수 비타민과 미네랄을 다량 함유하고 있으며, 단백질과 섬유소도 풍부하다.

견과, 씨앗, 콩과 식물은 거의 모두 새싹을 키울 수 있다. 나는 주로 병아리콩, 케일, 렌틸콩, 그리고 때로는 여러 품종이 섞인 혼합형 씨앗의 싹을 틔워 먹는다. 재배하기 쉬운 싹채소, 씨를 뿌리기 전 물에 불리는 침종 시간과 수확 시기를 145쪽에 표로 실었다.

많은 양의 새싹을 키우고 싶다면 전문가용 발아 시험기나 다단형 테라코타 새싹 재배기 같은 제품을 이용하여 싹채소를 더 쉽고 효과적으로 재배할 수 있다. 또 다회용 유기농 마 주머니를 물에 담갔다가 넣어서 물기를 뺀 다음 싹채소를 길러도 된다. 이미 집에 있는 물건을 이용해 쉽게 새싹을 키울 수도 있다.

준비물

- 큰 투명 유리병(식품 저장용 유리 용기, 인스턴트 커피 병, 파스타 소스 병, 견과버터 병 등 주방용 유리병 재사용)
- 표백하지 않은 유기농 무명천(모슬린) 1장 (병 입구를 여유 있게 덮을 만한 크기로 자르기) 또는 깨끗한 마른행주 1장
- 고무줄
- 숟가락
- 병을 비스듬히 엎을 만한 그릇 1개

❖ 어린잎채소Microgreen는 본잎이 2~3매 정도 자라고 잎의 길이가 10㎝ 이내인 것, 싹채소는 발아한 지 일주일 정도 지난 새싹을 먹는 것이다.

씨앗

가정에서 키울 용도로 판매되는 씨앗만 사용한다. 이러한 씨앗은 발아율이 높고 엄격하게 관리된다. 유기농 싹채소 회사가 있는지 찾아보자.

재배법

새싹을 키울 때 가장 신경 써야 하는 점은 청결이다. 더러운 병과 물에서 박테리아가 번식할 수 있기 때문이다. 사용하기 전에 반드시 따뜻한 비눗물로 병을 씻어서 잘 헹궈주고, 씨앗을 만지기 전후에 손을 꼭 씻자.

선택한 씨앗 한두 큰술을 깨끗한 유리병에 담는다. 너무 차갑지 않은, 시원한 물을 5~7cm가량 채우고 숟가락으로 씨앗을 휘저어 전부 물에 적신 다음 물 위에 뜨는 씨앗은 눌러준다. 무명천으로 병을 덮고 고무줄로 밀봉한 후 하룻밤 또는 145쪽 표에 적힌 침종 시간 동안 그대로 담가둔다.

무명천을 거름망으로 삼아 물을 따라 내고, 병에 시원하고 깨끗한 물을 몇 cm 붓는다. 무명천을 다시 덮고 병을 잠깐 동안 빙빙 돌려준 다음 유리병을 우묵한 그릇에 약간 비스듬한 각도로 뒤집어 물기를 뺀다. 이 헹굼 과정을 하루에 두 번 반복한다.

싹을 틔울 동안에는 직사광선을 피하는데, 그렇다고 찬장 안에 유리병을 넣기보다는 공기가 잘 통하는 조리대 위에 두자. 새싹이 나면 해가 잘 드는 창턱으로 옮겨 '푸른 잎'이 자랄 수 있게 해준다.

곰팡이병

병에서 키우는 새싹에 곰팡이가 피면 그 새싹은 버리고 깨끗한 병으로 처음부터 다시 해야 한다. 싹채소를 꼼꼼하게 헹구지 않으면 곰팡이가 생길 수 있으니 적어도 하루에 두 번 물로 헹구고 물기를 잘 말려준다.

수확한 싹채소 저장하기

새싹을 마지막으로 헹군 다음 8시간 이상 충분히 물기를 뺀다. 병에서 꺼내 깨끗한 마른행주 위에 넓게 펼쳐 약 30분 동안 자연 건조한다. 잘 마른 새싹을 깨끗한 저장용 유리 용기에 담고 뚜껑을 덮어 냉장 보관하자. 일주일 내에 쓰는 것이 좋다.

싹채소 활용법

싹채소는 샐러드, 샌드위치, 스무디, 수프에 넣어도 되고, 홈메이드 페스토나 파스타 소스를 만들 때도 한 줌 추가할 수 있다.

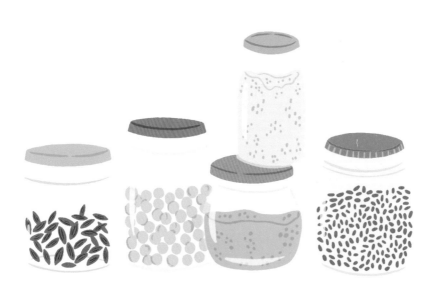

침종 시간 및 새싹 수확 시기

싹채소	침종 시간※	수확 시기
알팔파	8시간	5~6일
비트	8시간	10~20일
브로콜리	8시간	3~6일
병아리콩	8~12시간	2~4일
토끼풀	8시간	5~6일
큰다닥냉이	8시간	4~5일
케일	6시간	3~6일
렌틸콩	8시간	2~3일
수수	6시간	1~2일
녹두	12시간	3~5일
겨자	8시간	2~3일
완두콩	8시간	2~3일
호박씨	8시간	1~3일
무	8시간	3~6일
참깨	8시간	1~3일
해바라기씨	6시간	1~2일
개밀	8~12시간	6~10일

※ 물에 불리는 시간 -편집자

부엌 폐기물을 다시 식물로

부엌에서 나오는 폐기물을 쓰레기 매립지로 보내거나 퇴비통에 넣는 대신 다시 키워보자. 화분에 심어 해가 잘 드는 창턱에 두면 무사히 뿌리를 내리고 쑥쑥 자랄 과일, 허브, 채소들을 소개한다.

- **아보카도:** 열매를 맺기에는 역부족이겠지만, 씨앗을 심어서 아름다운 실내용 화초를 기를 수는 있다. 일단, 먹고 난 아보카도의 씨앗을 분리한 뒤 씨앗에 붙은 과육을 긁어낸다. 천으로 물기를 닦은 다음 씨앗의 갈색 껍질을 조심스럽게 벗기면 표면에 선이 여러 개 보이고 바닥에는 작은 구멍이 하나 있을 것이다. 그 구멍에서 뿌리가 나온다. 씨앗 윗부분에 45도 각도로 이쑤시개 세 개를 꽂는다. 이때 선이 난 부분은 피해서 일정한 간격으로 꽂아준다. 다 먹은 잼 병이나 유리 저장 용기를 가져다 깨끗한 물을 채우고, 아보카도 씨앗의 윗부분이 위로 오도록 병 입구에 놓는다. 씨앗의 아랫부분은 물에 잠기게 하고, 윗부분은 이쑤시개를 조절해 물 밖으로 나오게 한다. 병을 해가 잘 드는 곳에 두고 지켜보며 필요하면 병의 물을 보충해 주고, 물 색깔이 변하면 깨끗한 물로 갈아준다. 뿌리가 많이 나오면 질 좋은 분갈이용 배양토를 채운 화분에 옮겨 심는다.

씨앗의 윗부분이 흙 위로 드러나게 심고 물을 충분히 준다.

- **바질**: 바질 화분을 사면 며칠 안에 시들 거나 잎이 변색되는 경우가 많은데, 그 원인은 대개 바질을 심은 분갈이용 배양 토의 질이 좋지 않기 때문이다. 다시 키 우려면 건강한 바질 줄기 한두 개를 잘 라 물병에 담는다. 이틀에 한 번씩 물을 바꿔주면 두어 주 뒤에 새로운 뿌리가 자랄 것이다. 화분에 질 좋은 분갈이용 배양토를 채우고 바질을 심은 다음 해가 잘 드는 곳에 두고 이틀에 한 번씩 물을 준다. 화분 하나에 바질 여러 줄기를 같 이 심어도 된다.

- **비트**: 비트를 다시 심어 완전한 작물로 키우기는 힘들겠지만, 잎을 수확해 샐러 드, 수프, 스무디를 만들어 먹을 수 있다. 뿌리가 붙은 비트 윗부분을 보관했다가 자른 면이 위로 오도록 얕은 접시에 담 는다. 매일 물을 바꿔주고, 잎이 자라면 수확한다.

- **셀러리와 회향**: 뿌리가 붙어있는 구근의 아랫부분을 잘라낸다. 얕은 접시에 따뜻 한 물을 붓고 아랫부분이 밑으로 향하게

담아 해가 잘 드는 곳에 둔다. 창턱이 제 일 좋다. 이틀에 한 번씩 물을 갈아줘야 구근이 썩거나 곰팡이가 피는 걸 방지할 수 있다. 얼마 지나 새순이 올라오면 물 에서 구근을 꺼낸 뒤 질 좋은 분갈이용 배양토를 넣은 화분에 옮겨 심는다. 구근 아랫부분은 흙 속에, 새순은 흙 위에 오 도록 심고 물을 충분히 준다.

- **고수**: 고수 화분에서 건강한 고수 줄기 몇 개를 자른 뒤 물을 채운 작은 잼 병이 나 유리잔에 담는다. 해가 잘 드는 창턱 에 두고 매일 물을 바꿔준다. 줄기에서 새로운 뿌리가 많이 자라면 질 좋은 분갈 이용 배양토를 채운 화분에 옮겨 심는다.

- **생강**: 껍질을 까지 않은 단단하고 매끈 한 생강이라야 하며, 이미 싹이 어느 정 도 올라온 생강이 제일 좋다. 생강 뿌리 를 따뜻한 물에 밤새 담가두었다가 심는 다. 적어도 40cm 깊이의 화분을 준비해 생강 뿌리를 화분 입구에서 약 5cm 아래 에 놓은 뒤 분갈이용 배양토를 2cm 더 부 어 덮어준다. 싹이 난 생강 뿌리가 있다 면 싹이 위로 오도록 심고 물을 충분히 준다. 새순이 올라오기 시작하면 주기적

으로 물을 분무한다. 1~2년쯤 기다려야 생강을 수확할 수 있지만 기다릴 만한 가치가 충분하다!

- **레몬그라스**: 2.5㎝쯤 물을 채운 유리잔에 남은 레몬그라스 뿌리를 담는다. 해가 잘 드는 곳에 두고 물이 증발하기 시작하면 더 채워준다. 두어 주 뒤에 새 뿌리가 돋으면 질 좋은 분갈이용 배양토를 채운 화분에 옮겨 심는다.

- **청경채**: 뿌리 끝부분을 따뜻한 물이 든 얕은 접시에 담는다. 해가 잘 드는 곳에 내놓고 두어 주가 지난 뒤 질 좋은 분갈이용 배양토를 채운 화분에 옮겨 심는다.

- **피망**: 고추나 피망의 씨를 모아두자. 질 좋은 파종용 배양토가 담긴 모종판을 준비하고(배양토 만드는 방법은 62~63쪽 참고), 배양토 위에 씨앗을 흩뿌린 뒤 살짝 덮어준다. 얕은 트레이에 물을 채운 다음, 그 위에 모종판을 얹어 물이 천천히 흡수되도록 둔다. 8~10일 뒤에 옮겨 심을 수 있는 모종으로 자라면 조심스럽게 빼낸 뒤 질 좋은 분갈이용 배양토를 담은 개별 화분에 옮겨 심는다.

- **파**: 반드시 뿌리가 어느 정도 남아있는 파를 사용해야 다시 자라난다. 파 뿌리 위쪽으로 2.5㎝를 자른 뒤 뿌리를 빈 잼병에 담는다. 뿌리가 잠기도록 깨끗한 물을 붓고, 줄기 부분은 물이 닿지 않도록 둔다. 이틀에 한 번씩 물을 바꿔주면서 8~10일 기다리면 파가 다시 자라기 시작해 먹을 수 있는 상태가 된다. 필요한 만큼 잘라 쓴 뒤 이 과정을 반복한다.

어린잎채소

내가 실내에서 가장 즐겨 키우는 식물은 어린잎채소다. 어린잎채소는 다 자랄 때까지 키우지 않고, 발아한 뒤 14일 정도에 수확하는 식물이다. 이 작은 잎채소는 발아율이 높고 기르기 쉬운 데다 맛도 좋아서 초보자에게 안성맞춤이다.

어린잎채소에는 비타민, 미네랄, 항산화 성분이 풍부하다. 샌드위치, 샐러드, 스무디, 수프에 넣어도 맛있고, 페스토를 만들거나 가니시로 쓰기도 좋다.

준비물

- **생육 배지**: 실내용 분갈이 배양토
- **용기**: 어린잎채소를 키우기에는 모종판이 제일 좋다. 안 쓰는 모종판을 따뜻한 비눗물에 씻어 헹군 뒤 말려서 사용한다. 새 모종판을 살 계획이라면 몇 년은 쓸 수 있는 대나무 모종판을 추천한다. 대나무 모종판은 수명이 다하면 해체해서 퇴비통에 넣으면 된다. 아니면 플라스틱 농산물통, 포장용 은박 용기를 이용해 직접 만들어 쓰는 방법도 있다(65쪽 참고). 친환경 천연섬유로 만든 육묘용 마대에서 흙 없이 키울 수도 있는데, 마대에서 어린잎채소를 키우려면 마대를 넣을 모종판과 분무기가 필요하다. 발아율이 높으며, 마대는 생분해되어 나중에 퇴비로 사용할 수 있다.
- **씨앗**: 일반 채소 씨앗으로도 어린잎채소를 키울 수 있으므로 꼭 육묘용 씨앗을 구입할 필요는 없다. 종묘사에서는 보통 혼합형 씨앗 봉투를 비롯해 다양한 어린잎채소 씨앗이 섞인 제품을 판매한다. 발아율과 수확 시기가 비슷한 혼합형 씨앗을 선택하는 것이 좋은데, 조금 비싸더라도 전문 재배자가 운영하는 웹사이트에서 이런 씨앗을 구입할 수 있다.

재배법

작물 하나당 두 개의 모종판이 필요하

다. 하나는 파종용이고 다른 하나는 발아하는 동안 덮어둘 덮개용이다. 덮개로 쓰는 모종판은 빛을 차단해야 하므로 구멍이 없어야 한다. 모종판 하나에 실내용 분갈이 배양토를 채운 뒤 표면을 살짝 골라준다. 마대를 사용할 거라면 모종판 안에 마대를 넣고, 물뿌리개로 흙 표면이나 마대에 물을 살짝 뿌린다. 선택한 씨앗을 흙이나 마대 위에 넉넉히 뿌린 다음 다시 한번 물을 살짝 주자. 두 번째 모종판을 첫 번째 모종판 위에 덮고 어두운 곳에 둔다. 며칠 후 위에 덮은 모종판을 치우고 어린잎채소를 심은 모종판을 더 밝은 곳이나 식물 생장등 아래로 옮긴다. 흙에서 키운 어린잎채소는 흙이 말라 보일 때마다 저면관수로 물을 주고, 마대에서 키운 어린잎채소는 하루에 한 번 위쪽에서 물을 분무해 준다. 어린잎채소는 대부분 5~7㎝쯤 크면 수확할 수 있다. 하지만 해바라기와 완두 싹은 10~12㎝ 크기일 때 수확해야 한다.

어린잎채소 종류

- **아마란스**: 은은한 흙내와 맛. 파종 4~6일 후 발아, 발아 10~20일 후 수확.

- **비트**: 달콤한 흙내와 맛. 파종 2~3일 후 발아하며, 발아 12~18일 후 수확.

- **브로콜리**: 은은한 브로콜리 맛. 파종 4~6일 후 발아, 발아 10일 후 수확.

- **고수**: 흙내와 향취가 짙은 시원한 맛. 파종 6~8일 후 발아하며, 발아 12~16일 후 수확.

- **회향**: 아니스씨❋ 맛. 파종 4~6일 후 발아, 발아 14일 후 수확.

- **케일**: 브로콜리 맛. 파종 2~3일 후 발아, 발아 8~12일 후 수확.

❋ 아니스는 향신료의 일종이며, 그 씨는 달콤하고 상쾌한 맛을 낸다. -편집자

- **콜라비:** 은은한 양배추 맛. 파종 2일 후 발아하며, 발아 8~12일 후 수확.
- **겨자:** 매콤하고 톡 쏘는 맛. 파종 4~6일 후 발아, 발아 10~20일 후 수확.
- **한련:** 매콤하고 톡 쏘는 맛. 씨앗을 1시간 동안 물에 담가둔 뒤에 생장 배지에 심는다. 파종 5~7일 후 발아, 발아 5~10일 후 수확.
- **청경채:** 은은한 양배추 맛. 파종 5~6일 후 발아하며, 발아 9~14일 후 수확.
- **파슬리:** 은은한 파슬리 맛. 파종 7~15일 후 발아, 발아 10~15일 후 수확.
- **완두 새싹:** 생 완두콩 맛. 완두콩 씨앗을 찬물에 4시간 동안 담가둔다. 물을 빼고 앞에 설명한 재배법을 따라 심자. 파종 4~6일 후 발아, 발아 14일 후 수확.
- **무:** 신선하고 매콤하게 톡 쏘는 맛. 파종 3~5일 후 발아, 발아 9일 후 수확.
- **적양배추(적채):** 은은한 양배추 맛. 파종 4~6일 후 발아, 발아 12~16일 후 수확.
- **루콜라:** 매콤하고 톡 쏘는 맛. 파종 4~6일 후 발아, 발아 12~16일 후 수확.
- **수영:** 레몬 맛. 파종 4~6일 후 발아하며, 발아 10~20일 후 수확.
- **스위트 바질:** 민트 맛이 살짝 나는 매콤하고 톡 쏘는 맛. 파종 4~6일 후 발아하며, 발아 10~20일 후 수확.
- **해바라기 새싹:** 은은한 맛이 나며 완두 새싹보다 더 아삭하다. 해바라기씨를 찬물에 12시간 동안 담가둔다. 물을 뺀 뒤 앞서 말한 재배법을 따라 심자. 파종 4~6일 후 발아, 발아 8~10일 후 수확.
- **타이 바질:** 매콤하고 톡 쏘는 맛. 파종 4~6일 후 발아, 발아 10~20일 후 수확.

실내용 화초

실내용 화초를 사 모으기 시작하면 집 안이 순식간에 정글이 될지도 모른다. 책장 위로 뻗어나가는 다육식물부터 콘크리트 화분 가득한 선인장, 테라리엄에 심은 작은 착생식물(155쪽 참고)까지…. 잡지나 소셜 미디어에서 식물로 가득한 집 사진을 보면 혹하기 쉽지만, 각자의 상황에 맞춰 지나친 욕심은 내지 않도록 하자. 성장 환경을 제대로 갖추지 못하면 식물은 결국 시들어 죽고 말 것이다.

다음은 화초를 들이기 전에 고려할 몇 가지 사항이다.

- **집 안의 조도:** 실내용 화초는 대체로 밝은 간접광을 선호하지만, 조도가 낮아도 잘 적응하는 식물이 있다. 다육식물과 선인장 종은 따뜻하고 밝은 햇살 아래에서 잘 자란다. 집 안에 해가 잘 드는 창턱 또는 어둡고 그늘진 곳이 있는가? 하루 동안 빛이 어떻게 변하는지 살펴보자.
- **공간:** 크기가 큰 식물류는 큰 화분이나 넉넉한 재배 공간이 필요하다. 각 공간의 습도, 화장실과 부엌, 거실, 침실의 환경, 공간에 머무는 시간을 따져본다.

근처 꽃집이나 온라인 전문 재배 업체를 찾아 집에서 키우기 좋은 식물에 대한 전문가의 조언을 구하고, 물과 비료를 올바르게 주는 법과 번식법도 배우자.

실내용 화초 관리법

- **분갈이용 배양토:** 실내용 식물은 보통 토탄을 섞지 않은 질 좋은 다목적 분갈이용 배양토에서 잘 자랄 것이다(14~15쪽 참고). 하지만 난초류, 감귤나무, 선인장, 다육식물 같은 일부 식물은 전용 배양토를 쓴다.
- **물 주기:** 식물은 빗물을 좋아하니 가능할 때마다 모아서 준다(물 절약법은 20~23

쪽 참고). 수돗물은 실온에 몇 시간 두어 물속의 염소를 증발시키면 식물이 먹기 좋은 상태가 된다. 실내용 화초에 물 주는 시기는 흙 속 약 5㎝ 깊이까지 손가락을 찔러 넣고 흙이 완전히 말랐는지 확인해 판단한다. 아니면 대꼬치를 찔러 넣어도 된다. 대꼬치가 깨끗하게 뽑히면 물을 줄 때가 되었다는 뜻이고, 반대로 대꼬치에 흙이 붙어 나오면 화분 속에 아직 물기가 충분하다는 뜻이다.

- **습도**: 축축하고 습한 환경에서 잘 자라는 실내용 화초도 있다. 습도를 높이려면 식물에 매일 물을 분무해 주거나, 자갈이 절반쯤 잠기도록 물을 채운 화분 받침이나 트레이 위에 화분을 둔다. 물을 주기적으로 갈아줘야 해충이 생기지 않는다.

- **비료 주기**: 대부분의 실내용 화초는 재배 기간 동안 유기질 액체 비료를 주기적으로 주면 잘 자란다.

제로웨이스트를 실천하고 싶다면 지렁이 사육통에서 받은 침출액(56~57쪽 참고)을 쓰거나 바나나 껍질 차(40~41쪽 참고)를 1회 분량 만든다. 선인장, 다육식물, 감귤나무, 난초류는 전용 비료가 필요하다. 뿌리가 탈 수 있으므로 비료를 과하게 주지 않도록 주의해야 하는데, 성분이 서서히 녹아드는 완효성 비료를 분갈이용 흙에 섞으면 6주 동안 식물에 충분한 양분이 공급된다. 사용 설명서에 적힌 적정 사용량과 사

용법을 반드시 확인하자. 나는 플라스틱 우유통을 이용해 비료와 물의 비율을 잰다.

- **식물 잎 청소:** 실내용 화초는 반드시 깨끗하게 관리해야 한다. 먼지가 앉으면 햇빛이 잎으로 가지 못하고 숨구멍이 막혀서 광합성 능력이 저하된다. 윤기 나는 큰 잎은 부드럽고 젖은 천으로 구석구석 닦아주고 가시나 털이 있는 식물의 잎은 면봉이나 작은 미술용 붓으로 먼지를 살살 털어낸다. 따뜻한 날 소나기가 내린다면 식물을 밖으로 옮겨 비를 맞춰도 좋고, 그렇지 않으면 실내에서 샤워기로 미지근한 물을 준다. 배수가 될 동안 그대로 놔둔다.
- **해충과 질병:** 실내용 화초도 병충해에서 자유롭지 못하다. 해충과 질병의 종류는 164~167쪽을 참고하고, 자연방제법은 170~174쪽에서 알아보자.

사람이나 반려동물이 삼키면 해로운 품종이 있으므로 화초를 아이와 반려동물이 닿지 않는 안전한 곳에 둔다.

실내용 화초를 더 친환경적으로 기르고 싶다면, 포인세티아와 염색제를 뿌린 선인장처럼 한 계절만 사는 식물은 되도록 선택하지 않는다. 식물 번식법을 배워 새로 생긴 식물을 선물용으로 키워보자. 테이크아웃 컵과 캔은 어린 식물을 키우는 용기로 재사용한다. 줄기와 잎을 꺾꽂이하는 방법을 알려주는 영상을 보며 공부하고, 집 근처에 어린 식물과 삽수※, 장비, 씨앗, 화분을 나눌 만한 교환 행사가 있는지도 찾아보자.

※ 꺾꽂이를 위해 일정한 길이로 자른 식물의 싹 -편집자

업사이클링 테라리엄 만들기

유리 용기 안에 식물을 재배하는 테라리엄은 자연을 실내에 들이는 멋진 방법이다. 시중에 나오는 유리 테라리엄을 사는 것도 좋지만, 깨끗한 유리병으로 쉽게 만들 수도 있다. 작은 유리병 안에 다육식물을 심은 테라리엄은 선물로도 좋다. 선물할 때는 관리법을 적은 라벨을 꼭 붙여주자.

테라리엄은 밀폐형과 개방형의 두 가지가 있다. 뚜껑이나 마개가 있는 밀폐형은 수분을 가두고 습도를 높일 수 있다. 개방형 테라리엄은 공기 중에 노출되므로 사막식물에 더 적합하다.

유리로 된 쿠키 병, 큰 빈티지 유리 용기에 밀폐형 테라리엄을 만들기 좋다. 밀폐형 테라리엄 용기는 분리가 가능한 뚜껑이나 마개가 필요하며, 개방형 용기 테라리엄은 빈 잼이나 커피 병, 유리 화병을 재활용해서 만든다.

다양한 식물들이 테라리엄에서 잘 자란다. 밀폐형 테라리엄에서는 파인애플과 식물, 양치식물, 난초류, 이끼류처럼 습기를 좋아하는 식물이 잘 자라고, 개방형 용기에서는 다육식물, 선인장, 착생식물처럼 건조한 환경을 좋아하는 식물이 잘 자란다. 테라리엄용 소형 식물을 재배하는 전문 묘목상을 검색해 보자.

테라리엄 안에는 배수를 위해 마사토를 한 겹 깔거나 조약돌 또는 자갈을 깔아준다. 선인장이나 다육식물을 심으려면 전용 분갈이 배양토를 구입하자. 그 밖의 식물에는 질 좋은 실내용 분갈이 흙을 사용한다. 밀폐형 테라리엄 용기에는 활성탄을 한 겹 깔아주면 악취 제거와 곰팡이 예방 효과를 볼 수 있다.

준비물:

- 유리그릇
- 마사토
- 활성탄(밀폐형 용기 사용 시)
- 실내용 분갈이 흙 또는 선인장용 배양토
- 큰 숟가락
- 작은 식물 여러 개(오른쪽 참고)
- 분무기 또는 티스푼

1. 따뜻한 비눗물로 용기를 씻고 헹군 다음 자연 건조한다.
2. 용기 바닥에 마사토를 얇게 깐다. 밀폐형 용기를 사용한다면 마사토 위에 활성탄을 한 겹 얇게 덮어준다.
3. 실내용 분갈이 흙이나 선인장용 배양토를 마사토의 약 세 배 깊이로 넣어준다.
4. 큰 숟가락으로 **3**에 식물을 심을 구멍을 판다. 식물을 구멍에 놓고 뿌리 주변 흙을 단단히 두드려준다.
5. 배양토 위에 마사토를 한 겹 덮는다.
6. 밀폐형 테라리엄이라면 분무기로 물을 준 뒤 뚜껑이나 마개를 덮는다.
7. 개방형 테라리엄이라면 각 식물에 1작은술씩 물을 준다.

테라리엄용 식물

밀폐형 용기:

- 크립탄서스 *Cryptanthus bivittatus*
- 히포이스테스 *Hypoestes*
- 흰눈 피토니아 *Fittonia*

개방형 용기:

- 에케베리아 '블루 스카이' *Echeveria*
- 얼룩말선인장 *Haworthia*
- 구슬얽이 *Sedum burrito*

테라리엄 관리법

- **밀폐형 테라리엄:** 2주에 한 번씩 흙의 수분도를 확인한다. 흙이 마르면 분무기로 물을 충분히 준다. 온도가 급격히 높아져서 식물의 잎과 줄기가 타버릴 수 있으므로 직사광선은 피해야 한다. 한 달에 한 번 뚜껑이나 마개를 열어 안에 갇힌 수증기를 내보낸다.

- **개방형 테라리엄:** 직사광선을 피하고 2주에 한 번씩 흙의 수분도를 확인한다. 흙이 완전히 마르면 식물마다 1작은술씩 물을 준다.

공기 정화에 좋은 실내용 화초 8가지 ────

집안의 화초는 실내 공기 오염도를 낮추고 공기 속 벤젠, 포름알데히드, 트리클로로에틸렌 같은 유독 물질을 제거하는 슈퍼히어로다. 주로 가구, 페인트, 청소 세제, 플라스틱, 카펫에 포함된 이런 물질에 장시간 노출되면 호흡기 질환, 심한 두통, 어지럼증이 생길 수 있다.

여기 소개하는 실내용 화초는 모두 관리가 쉬우니, 몇 가지를 집에 들여 더 깨끗하고 건강한 공기를 즐기자.

산세비에리아

성장 속도가 느리며 실내 공기 정화 능력이 탁월하다. 해가 잘 드는 곳을 좋아하지만, 약간의 그늘은 괜찮다. 뿌리가 가득 차게 자라는 걸 좋아하므로 크기가 꼭 맞는 화분을 골라 질 좋은 선인장용 배양토를 넣고 봄부터 가을까지 월 1회 비료를 준다. 가을과 겨울에는 물 주는 빈도를 줄인다. 잎꽂이로 번식한다.

스킨답서스

행잉 화분에 늘어뜨리거나 수태봉을 타고 오르는 형태로 키우기 좋은 덩굴 식물. 부엌과 욕실처럼 습도가 높은 장소가 생장에 이상적이다. 다른 곳에서 키운다면 수시로 물을 분무해 줘야 하는데, 그렇다고 물을 과도하게 많이 줄 필요는 없다. 봄여름에 월 1회 액비를 주면 좋다. 봄에 줄기꽂이로 번식한다.

행운목

반그늘에서 밝은 간접광을 받으면 잘 자라며, 이틀에 한 번씩 물을 분무해 주면 좋다. 화장실에서 키우기 적합하며 봄여름에 월 1회 유기질 액비를 준다. 봄에 가지꽂이로 번식한다.

무늬접란

양지와 그늘 모두에서 잘 자라지만 잎이 누렇게 시들 수 있으므로 직사광선은 피한다. 봄여름에 월 1회 유기질 액비를 주되, 묽은 비료를 더 좋아하므로 권장량의 절반만 희석해 사용한다. 무늬접란은 주기적으로 새끼 묘가 나오는데 이를 따서 배양토에 심으면 새로운 포기로 자란다.

벤저민고무나무

밝은 간접광과 촉촉한 흙을 좋아한다. 잎으로 많은 물을 흡수하니 물을 자주 분무하자. 매주 화분의 방향을 돌려가며 골고루 자라도록 해주고, 봄여름에 월 1회 유기질 액비를 준다. 잎꽂이로 번식한다.

인도고무나무

밝은 간접광을 좋아한다. 주기적으로 먼지를 닦고 물을 분무해 잎을 윤기 나게 관리하자. 봄여름 월 1회 유기질 액비를 준다. 잎꽂이로 번식한다.

염자

따뜻하고 해가 잘 드는 창턱을 좋아한다. 생장기에는 물을 조금만 주고, 봄과 여름에 한 번씩 비료를 준다. 질 좋은 선인장용 배양토를 사용한다. 잎꽂이로 번식하며 잎의 물기를 완전히 말린 뒤에 화분에 심는다.

스파티필룸

일조량에 크게 구애받지 않고 잘 자라지만 밝은 곳에서만 꽃을 피운다. 습한 환경, 특히 화장실에서 키우면 공기 중 곰팡이 포자의 양을 줄일 수 있다. 물을 자주 분무하거나 젖은 자갈을 넣은 쟁반 위에 화분을 둔다. 봄여름에 월 1회 유기질 액비를 주며, 봄에 포기를 나눠 번식한다.

9.

병충해

병충해 관리

시간과 노력을 듬뿍 쏟던 정원에서 키우던 식물이 병이나 해충 피해로 죽으면 기운이 빠질 것이다. 유기농 정원의 핵심은 방제로, 흙을 건강하고 비옥하게 관리하면 식물이 무럭무럭 자라고 질병이 줄어든다. 식물이 숨 쉴 수 있는 공간을 만들어주면 공기가 잘 통해서 병을 예방할 수 있다. 성장에 문제를 겪는 식물은 병충해를 입을 가능성이 크므로 토양에 적합한 식물을 신중히 고르자(32~33쪽 참고). 물을 충분히 주고 비료를 지나치게 많이 주지 않도록 주의한다.

병충해 방제에 큰 역할을 하는 윤작을 권한다. 매년 한해살이풀을 번갈아 심고, 해충과 질병에 강한 작물 위주로 고른다.

정원용 그물이 단단하게 고정되었는지, 구멍은 없는지 꼼꼼히 점검하자.

비가 오고 나면 해충 트랩과 그물에 민달팽이와 달팽이가 들어가진 않았는지 확인하고 손상된 트랩이나 그물은 즉시 교체한다.

해충의 천적을 정원으로 불러들이는 방법도 있다. 고슴도치는 달팽이와 딱정벌레를, 새는 애벌레와 무당벌레를, 무당벌레는 진딧물을 즐겨 먹는다. 더 많은 정보는 생물 다양성을 다룬 5장을 참고하자.

채소 화단에는 동반식물을 심는다(168~169쪽 참고). 해충은 후각을 이용해 먹이를 찾는데, 허브와 꽃 가운데 채소의 향을 감춰 해충의 공격을 막아주는 종류가 있다.

병충해 피해가 있다면 식물에 해를 입히는 원인이 무엇인지 밝힌 뒤 치료를 시작한다.

흔히 생기는 병충해

흔히 생기는 해충과 질병, 그리고 간단하면서도 친환경적인 방제법을 소개한다. 혼자서 병충해의 원인을 찾기 힘들다면 근처 종묘사나 온라인에서 도움을 구해보자.

진딧물

수액을 빨아먹는 진딧물의 피해를 입으면 식물이 왜소해지고 잎이 돌돌 말리며 잎 표면에 반점이 생긴다. 진딧물은 감로라는 끈끈한 액체를 분비하는데, 이는 식물이 검은색으로 변하는 그을음병을 유발할 수 있다. 진딧물은 몸이 작고 부드러운 생물로, 주로 꽃봉오리 위쪽이나 어린잎 아래쪽에 무리 지어 서식한다. 대개 녹색이나 검은색이지만(흔히 청파리나 먹파리라고 불린다), 회색이나 갈색도 있다.

● **예방법 및 치료법:** 호스로 물을 뿌려 털어낸다. 진딧물이 있는 곳에 캐스틸 비누

살충제를 뿌리거나(171쪽 참고) 천적인 무당벌레를 정원으로 불러들인다(78쪽 참고).

잎마름병

바람에 날린 곰팡이 포자가 원인인 곰팡이병으로, 감자와 노지 토마토에 생긴다. 대개 고온 다습한 환경에서 발병하며 잎 색깔이 검게 변하면서 쪼글쪼글 말라 죽는다. 감자의 덩이줄기나 토마토 열매에 생기면 썩는다.

● **예방법 및 치료법:** 잎마름병에 강한 감자와 토마토 종을 고른다. 조생종과 중생종 감자는 잎마름병이 오기 전에 수확할 수 있으며(104쪽 참고), 토마토는 온실에서 키우면 비교적 안전하다. 감자 잎에 감염 증상이 보이면 흙 위로 드러난 부분을 모두 제거해 덩이줄기에 병이 옮지 않도록 한다. 병에 걸린 작물은 흙 속에 묻힌 덩이줄기를 포함해 모조리 뽑아내고, 퇴비로 쓰지 않는다.

양배추고자리파리

집파리를 닮은 양배추고자리파리는 흙 표면에 알을 낳고, 부화한 유충은 배추속 식물, 무, 스웨덴순무, 순무의 뿌리 속으로 파고든다. 고자리파리의 공격을 받은 작물은 잎이 쪼글쪼글 마르고 죽기도 한다.

● **예방법 및 치료법**: 방충망을 사용한다. 브로콜리, 방울양배추, 콜리플라워, 양배추에 칼라를 씌워 파리가 뿌리 옆에 알 낳는 걸 막을 수도 있다. 두꺼운 종이 상자, 피자 받침 종이, 카펫 자투리나 도어 매트로 칼라를 직접 만들면 되는데, 잔 받침이나 CD를 대고 원 모양으로 자른 다음 원의 아래쪽 테두리에서 중심부까지 직선으로 자르고, 위쪽은 왼쪽과 오른쪽이 서로 대칭되도록 사선으로 잘라 Y자를 만든다. 줄기 둘레에 칼라를 씌우고 살짝 누른 다음 스테이플러로 절단면이 포개지도록 칼라를 봉하고, 물을 뿌려 납작하게 만든다. 칼라는 흙 표면에 닿아야 하며, 재배가 끝나면 종이 칼라는 퇴비통에 넣는다.

양배추 애벌레

배추흰나비의 애벌레와 배추좀나방은 브로콜리, 양배추, 한련, 방울양배추의 잎을 먹고 산다. 큰배추흰나비의 애벌레는 노란색과 검은색이 섞인 몸에 털이 많은 한편, 작은배추흰나비의 애벌레는 털이 많고 연두색이다. 배추좀나방 애벌레는 몸이 매끈하고 녹갈색을 띤다.

● **예방법 및 치료법**: 꿀이 많은 꽃과 허브를 심어 애벌레를 잡아먹는 천적을 불러들인다(꽃가루 매개충을 위한 식물은 80~82쪽 참고). 초봄부터 가을까지 잠자리 방충망을 쳐 식물을 보호하고, 잎 뒤에 숨은 애벌레나 알은 손으로 뗀다.

당근 파리

몸집이 작은 검은색 당근 파리는 당근, 셀러리악, 셀러리, 파슬리, 파스닙이 자라는 흙 표면 바로 아래에 알을 낳는다. 부화한 당근 파리의 구더기는 작은 뿌리털을 먹어치우며 채소의 뿌리로 파고들어, 결국 채소가 먹을 수 없게 된다.

- **예방법 및 치료법:** 방충망을 씌우고, 드
  문드문 파종해 모종을 솎아낼 필요가 없
  게 한다. 동반식물인 차이브와 함께 파종
  한다(168쪽 참고).

코들링나방

어린 열매에 알을 낳는 작은 갈색 나
방. 애벌레는 과일 껍질을 뚫고 속까
지 파고든다. 사과나무와 배나무를 제
일 좋아하지만, 모과나무와 호두나무
에도 피해를 준다고 한다.

- **예방법 및 치료법:** 나무에 페로몬 트랩
  을 매달아 암컷 나방의 냄새로 수컷을
  유인하고, 수컷을 잡아 암컷과 교미 성공
  률을 낮춘다. 코들링나방의 피해를 입은
  과일은 전부 따서 퇴비통에 넣는다.

흰가룻병

잎과 줄기에 흰 가루 모양으로 곰팡이
가 자라며 사과, 애호박, 오이, 포도,
완두콩, 딸기에 생긴다. 곰팡이균이

숨구멍과 빛을 막아 광합성을 제대로
할 수 없어 과채의 품질이 떨어진다.

- **예방법 및 치료법:** 감염된 잎을 따서 버
  린다(퇴비통에 넣지 않는다). 171~174쪽의 살
  균제 중 하나를 이른 아침에 뿌리고, 흰
  가룻병이 완전히 사라질 때까지는 비료
  를 주지 않는다. 원예용 도구는 사용한
  뒤 따뜻한 비눗물에 씻는다.

민달팽이와 달팽이

모든 정원사의 골칫거리!

- **예방법 및 치료법:** 달팽이나 민달팽이
  가 기어가지 못하도록 비내한성 여러해
  살이풀 주변에 입자가 거친 커피 가루,
  부순 달걀 껍데기, 솔잎을 뿌린다. 천적
  인 새, 개구리, 고슴도치 같은 야생동물
  을 불러들이고, 전호와 천수국 같은 '유
  인 식물'을 민달팽이가 좋아하는 연약한
  식물 옆에 심어 밤이나 이른 아침에 용
  의자를 손으로 잡아낸다. 해초를 깔면(39
  쪽 참고) 짠내로 달팽이들의 접근을 줄일
  수 있고, 해초가 마르면 딱딱해져서 민달

팽이와 달팽이가 그 위로 오가기 힘들다. 양모 펠릿을 과일과 채소 주변에 흩뿌리고 물을 넉넉히 주면 펠릿이 부풀어 오르면서 작은 섬유질이 민달팽이의 피부를 자극할 것이다. 식물 근처에 속을 파낸 자몽 껍질 반 개를 밤새 엎어두는 것도 효과가 있다. 아침에 껍질 안에 든 민달팽이를 잡는다.

포도잎바구미

딱정벌레는 식물의 뿌리 부근에 알을 낳고, 미백색 유충이 부화하여 식물의 뿌리를 갉아먹는다. 포도잎바구미는 화분에서 키우는 식물에서 잘 자라며 비내한성 여러해살이풀과 딸기를 좋아한다. 성충은 잎끝을 먹어치우므로 잎끝이 갉아먹힌 흔적은 바구미의 증거일 수 있다.

● **예방법 및 치료법:** 마사토나 자갈을 한 겹 깔아 알을 낳지 못하도록 한다. 밤에

성충을 잡고, 새, 개구리 같은 천적을 불러들인다. 바구미의 공격을 받은 기미가 보이면 화분에서 식물을 꺼내 뿌리를 살펴보자. 유충이 있다면 잡아서 새의 모이판이나 정원 연못에 넣는다. 야생 선충을 이용한 방제도 좋은 선택이다(175쪽 참고).

가루이

온실가루이라고도 불리며, 식물의 수액을 빨아먹는다. 잎 아랫면에 알을 낳고 하얀 왁스 가루를 묻힌다. 성충은 감로를 분비해 거기서 그을음병이 생길 수 있다. 제일 좋아하는 식물은 가지, 오이, 고추, 호박, 딸기다.

● **예방법 및 치료법:** 호스로 물을 뿌려 털어내고, 가루이가 덮인 곳에 캐스틸 비누 살충제를 뿌린다. 천적인 무당벌레를 불러들여도 좋다.

동반식물과 유인 작물

동반식물을 심으면 공간이 최대한 활용되어 물을 절약할 수 있고, 잡초가 줄어든다. 수분을 도와 작물 생산량도 늘어난다. 하지만 동반식물 식재의 최대 이점은 해충 방제라 할 수 있다.

다음 8종의 동반식물 가운데 허브는 과일과 채소의 향을 감춰 보호받는 작물의 생산량과 맛을 향상시키고, 꽃은 작물에서 해충을 떼어내는 한편 꽃가루 매개충을 끌어들인다.

채소 재배를 시작할 때 화단에 몇 가지 동반식물을 심어보자.

동반식물

- **바질:** 토마토 옆에 심으면 작물에 붙은 가루이를 유인한다. 가지, 상추, 피망 주변에도 심으면 좋은데, 식물을 건강하게 자라도록 하고 수확량도 높여준다.
- **보리지:** 딸기 옆에 심으면 딸기 맛이 좋

아지며 여름호박과 겨울호박 옆에도 좋다. 꽃가루 매개충을 불러들인다.
- **차이브:** 당근 옆에서 나는 차이브 꽃 냄새가 당근 파리를 쫓을 것이다. 당근의 맛과 크기가 향상되며 진딧물을 쫓아낸다. 사과, 딸기류, 완두콩, 토마토 옆에 심어도 좋다.
- **천수국:** 아스파라거스, 멜론, 감자, 스쿼시 호박, 단옥수수와 심으면 가루이와 진딧물을 쫓아주며, 꽃가루 매개충에게 먹이를 공급하고 채소 수확량을 높인다.
- **라벤더:** 향이 강해 수많은 해충을 쫓는다. 셀러리와 배추속 채소 옆에 심는다.
- **한련:** 콩과 식물과 심으면 진딧물을 쫓아준다. 넓적다리잎벌레를 쫓고 세균성 시들음병을 예방하므로 오이 옆에 제격이다. 사과, 감자, 무, 호박, 스쿼시 호박 옆에 심어도 좋다.
- **로즈메리:** 나방과 배추흰나비가 양배추를 포함한 배추속 식물의 향을 맡지 못하도록 감춰준다. 향이 강해 완두콩바구미

와 콩바구미, 콩딱정벌레를 쫓는다. 로즈메리 줄기를 당근 머리 주변에 흩뿌리면 당근 파리가 당근 향을 맡지 못해 충해를 예방할 수 있다.

- **세이지:** 배추속 채소 옆에 심으면 배추 흰나비와 나방을 쫓아준다. 토마토와 함께 심으면 맛이 아주 좋아지지만, 오이 옆에는 심지 않는다.

유인 작물

유인 작물(미끼 작물 또는 희생 작물)을 심으면 해충이 억제된다. 같은 작물을 시간차를 두고 심거나 해충에게 더 매력적인 다른 작물을 활용한다. 유인 작물에 해충이 꼬이면 잡아내 없앤다. 진딧물을 꾀기 좋은 한련, 민달팽이를 꾀기 좋은 천수국, 양배추 애벌레를 꾀기 좋은 겨자가 대표적인 유인 작물이다.

천연 농약과 살균제

정원을 가꾸고 식량을 생산할 때 사용하는 농약은 야생동물과 환경에 해롭다. 제초제부터 방충제, 잔디 제초제까지 온갖 종류의 농약을 뿌린 식물을 곤충이 먹고, 그 곤충은 새와 고슴도치, 작은 포유류에 잡아먹힌다. 꿀벌 같은 꽃가루 매개충 역시 피해를 입어 작물 수분율과 번식률이 떨어진다. 농약 사용으로 식량원이 사라져 야생동물 서식지 전체가 위협을 받기도 한다. '건강한' 정원을 가꿀 목적으로 사용하는 농약이 결국 모두의 건강을 해치는 꼴이다. 농약은 대상을 가리지 않는다. 꽃가루를 옮기는 곤충을 포함해 모든 곤충을 죽이며, 흙 속의 필수 영양분까지 파괴한다.

화학 농약 대신 야생동물에게 안전한 친환경 농약을 쉽게 만들어보자. 이 무독성 분무액은 거의 모든 해충과 질병에 효과가 있다. 사용하기 전에 식물에 충분히 물을 주고, 뿌리기 최소 48시간 전에는 좁은 구역에 시범 분무해 본다. 아침에 뿌리되 해가 너무 뜨거울 때는 피한다. 잎이 노랗게 변하거나 탄 것처럼 보이면 찬물로 잔여물을 씻어내자.

재료에 대한 정보는 16~17쪽을 참고한다. 찬 수돗물을 넣어 만드는데, 센물이 나오는 지역에 산다면 증류수나 생수를 사용한다.

캐스틸 비누 살충제 스프레이

진딧물, 집게벌레, 가루깍지벌레, 가루이 방제용

준비물:

- 스프레이 건이 달린 500㎖ 병
- 물
- 숟가락
- 액체 캐스틸 비누
- 계핏가루(선택)

1. 스프레이 건을 분리하고 병에 물을 가득 채운다.
2. 액체 캐스틸 비누 1작은술과 계핏가루 1/4작은술을 넣는다.
3. 스프레이 건을 끼우고 흔들어 섞는다.

▮ 사용법

잎의 앞뒷면이 완전히 젖을 만큼 분무한다. 해충이 사라질 때까지 3일에 한 번씩 뿌려준다.

님 오일 살충제 스프레이

살충제와 살균제로 사용

준비물:

- 스프레이 건이 달린 500㎖ 병
- 물
- 숟가락
- 냉압착한 유기농 님 오일
- 페퍼민트 에센셜 오일
- 액체 캐스틸 비누

1. 스프레이 건을 분리하고 병에 물을 가득 채운다.
2. 님 오일 1작은술, 페퍼민트 에션셜 오일 8방울, 액체 캐스틸 비누 1작은
   술을 넣는다.
3. 스프레이 건을 끼우고 흔들어서 섞는다.

사용법

잎의 앞뒷면이 완전히 젖을 만큼 분무한다. 해충이 사라질 때까지 매주 1회
반복한다.

베이킹소다 살충제 스프레이

진딧물, 집게벌레, 가루깍지벌레, 가루이 방제용

준비물:

- 스프레이 건이 달린 500㎖ 병
- 물
- 숟가락
- 베이킹소다
- 액체 캐스틸 비누

1. 스프레이 건을 분리하고 병에 물을 가득 채운다.
2. 베이킹소다 1/2작은술, 액체 캐스틸 비누 1작은술을 넣는다.
3. 스프레이 건을 끼우고 흔들어서 섞는다.

▌사용법

잎의 앞뒷면이 완전히 젖을 만큼 분무하며 해충이 사라질 때까지 주마다 1회 반복한다.

차이브 잎과 꽃 살충제 스프레이

차이브에는 항균 성분과 항진균 성분이 있다. 흰가룻병과 흑반병에 사용한다.

준비물:

- 차이브 잎 크게 한 줌과 꽃
- 우묵한 그릇, 깔때기, 체
- 끓는 물
- 액체 캐스틸 비누
- 스프레이 건이 달린 500㎖ 병

1. 그릇에 차이브 잎과 꽃을 담고 끓는 물 500㎖를 부은 다음 식힌다.
2. 분무용 병에 깔때기를 올린 뒤 그 위에 체를 얹고 **1**을 체에 거른다.
3. 액체 캐스틸 비누 1작은술을 병에 담고 스프레이 건을 끼운 다음 흔들어 섞는다.

▌사용법

잎의 앞뒷면이 완전히 젖을 만큼 분무하고 해충이 사라질 때까지 매주 1회 반복한다.

그 밖의 해충 방제법

진딧물, 달팽이와 민달팽이는 페퍼민트 향을 싫어한다. 헝겊 끈 하나씩에 유기농 페퍼민트 에센셜 오일을 한 방울씩 묻혀 작물 근처에 매달자. 반려동물 주변에서 쓰려면 먼저 수의사의 확인을 받는다.

해충의 천적인 새를 불러들이면 좋은데, 모종을 망치는 비둘기처럼 오히려 해로운 새는 풍경을 매달아 쫓는다. 방조망을 치거나 모종에 플라스틱병 덮개를 씌우는 방법(25쪽 참고), 새들이 싫어하는 갑작스러운 움직임이나 번쩍이는 빛을 만드는 CD 또는 DVD를 과일나무 가지에 매다는 방법도 있다.

해충을 쫓는 데에 방충망의 역할을 무시할 수 없으나, 안타깝게도 정원용 방충망은 재생 불가능한 플라스틱으로 만든다. 품질이 뛰어난 자외선 차단 방부 플라스틱으로 만든 걸 사면 재배가 끝나도 폐기할 필요가 없다는 정도로 위안을 삼는 수밖에 없다. 나비 방충망을 치면 이로운 꽃가루 매개충은 정원에 드나들고, 큰 해충은 침입하지 못한다.

온실 속 해충은 두 가지 생물적 방제로 억제할 수 있는데, 물을 통해 이로운 선충을 흙에 넣거나 천적을 온실에 푸는 방식이다. 선충은 포도잎바구미 같은 해충의 몸에 치명적인 세균을 침투시켜 죽이며, 천적은 특정 해충만 공격하고 익충은 해치지 않는다. 해충 종류에 따라 선충 또는 천적을 적절히 이용해 보자. 생물적 방제는 식물에 해를 입히지 않으며 해충에 내성이 생기지 않는다.

부록
친환경 정원 가꾸기
아이디어가 넘치는 곳

인스타그램

● **@small_sustainable_steps** 어맨다 Amanda는 도시에서 식용 정원을 가꾸며 거기서 나오는 수확물을 가족은 물론 수많은 지인들과 나눈다. 누구나 부담 없이 정원을 가꿀 수 있도록 유용한 정보와 실용적인 해결책을 제시한다.

● **@annagreenland** 미쉐린 스타 레스토랑의 셰프들이 사랑하는 유기농 정원가 애나Anna의 열정적인 식용작물 재배기. 정원 실전 영상이 특히 유용하며, 수확한 농산물로 만드는 요리 레시피도 소개한다.

온라인

● **Franklyn + Vincent(프랭클린 + 빈센트):** 내가 오래전부터 사랑해 온 블로그. 운영자 세라Sarah가 바퀴 달린 화분을 포함해 다양한 팁과 DIY 아이디어를 공유한다.

FRANKLYNANDVINCENT.COM

● **Vertical Veg(버티컬 베지):** 화분, 옥상, 발코니에서 식용작물을 키우는 사람들에게 정말

유용한 사이트. 컨테이너 정원을 가꾸는 전 세계 정원사들에게 영감을 주는 이야기와 실전 영상으로 가득하다.

VERTICALVEG.ORG.UK

● **Gardenista(가드니스타):** 정원 디자인 요령, 재배법, 전 세계의 아름다운 정원을 한눈에 볼 수 있다.

GARDENISTA.COM

유튜브

● **Lovely Greens(예쁜 초록이들):** 타냐Tanya가 운영하는 멋진 채널로, 유기농 정원사들에게 유용한 팁이 가득하다. 직접 키운 꽃과 허브로 비누와 천연 화장품 만드는 방법, 조리법도 공유한다.

YOUTUBE.COM/LOVELYGREENSTV

● **CaliKim(칼리킴):** 작은 공간에서 유기농 과일과 채소를 재배하는 모습을 소개하는 소박한 영상. 라이브 영상 채팅에서 주기적으로 문답을 진행한다.

YOUTUBE.COM/CALIKIM29

팟캐스트

● **Nature & Nourish with Becky Cole(네이처 앤드 너리시 위드 베키 콜):** 계절을 담은 사

랑스러운 팟캐스트. 북아일랜드의 윤리적 농부 베키Becky가 먹거리 채집 요령, 재배 가능한 식물 종류와 재배 시기, 천연 화장품 레시피, 한약 등을 소개한다.

BECKYOCOLE.COM

- **The Organic Gardening Podcast(유기농 정원 가꾸기 팟캐스트):** 매달 할 일을 자세히 소개하고 청취자들의 질문에 답하는 월간 팟캐스트. 유명한 유기농 정원사들과 비건 정원 가꾸기, 야생동물 불러들이기, 씨앗 저장 등의 주제로 이야기를 나눈다.

GARDENORGANIC.ORG.UK/PODCAST

앱

- **My Soil(나의 땅):** 영국 등 유럽 지역의 토양 지도를 보고 토심, 토질, 토양 pH, 온도, 토양 속 유기질 등의 정보를 찾을 수 있다.

BGS.AC.UK/MYSOIL/

- **RHS Grow Your Own(RHS 직접 가꾸자):** 100가지가 넘는 식용작물의 파종, 재배, 수확 정보를 자세히 담고 있다. 해야 할 일과 시기, 그리고 병충해 방제법을 알려준다.

RHS.ORG.UK/ADVICE/GROW-YOUR-OWN/APP

기타 정보

- **Share Waste(셰어 웨이스트):** 퇴비화 시설을 갖춘 이들과 부엌 폐기물을 나눌 수 있도록 연결해 주는 호주의 온라인 플랫폼.

SHAREWASTE.COM

- **Compost Now(컴포스트 나우):** 미국 노스캐롤라이나에 위치한 컴포스트 나우는 지역 주민과 회사로부터 퇴비화할 수 있는 물질을 수거해 쓰레기를 퇴비로 만든다.

COMPOSTNOW.ORG

- **Shared Earth(셰어드 얼스):** 미국에 정원 또는 농장을 원하는 사람들을 토지 소유주와 연결해 주는 대규모 커뮤니티 프로젝트.

SHAREDEARTH.COM

- **Lend and Tend(렌드 앤드 텐드):** 세계 곳곳에서, 정원을 가꿀 수 없는 사람들과 자신의 정원을 나누고 싶어 하는 사람들을 연결해 준다.

LENDANDTEND.COM

- **Local Tools(로컬 툴스):** 가장 가까운 공구 도서관의 위치를 알려주는 온라인 사이트. 세계 여러 곳에 있다.

LOCALTOOLS.ORG

- **Big Bug Hunt(빅 버그 헌트):** 특정 병충해가 근처에서 발생하면 정원사들에게 경고해 주는 커뮤니티 프로젝트. 영국과 유럽 연합.

BIGBUGHUNT.COM

식물명

식물의 일반명*은 지역과 나라에 따라 다를 수 있다. 대체로 라틴어 학명이 통용된다.

한해살이풀

- 가지제비고깔 Delphinium consolida
- 금잔화속 Calendula
- 니겔라 Nigella
- 담배(니코티아나) Nicotiana tabacum
- 루나리아 아누아(머니 플랜트/실버 달러) Lunaria annua
- 보리지(쿨 탱커드) Borago officinalis
- 스위트피 Lathyrus odoratus
- 스타플라워 스카비오사 Scabiosa stellata
- 스토크 '나이트 신티드'(이브닝 스토크) Matthiola longipetala 아종 bicornis
- 아미/레이스 플라워 Ammi majus
- 안개초(애뉴얼 베이비스 브레스) Gypsophila elegans
- 양귀비 Papaver somniferum
- 카네이션 Dianthus

- 코스모스 Cosmos bipinnatus
- 한련(인디언 크레스) Tropaeolum majus
- 해바라기 Helianthus annuus

여러해살이풀

- 노랑너도바람꽃 Eranthis hyemalis
- 뉴욕아스터 Aster novi-belgii
- 달맞이꽃(커피 플랜트) Oenothera biennis
- 돌나물(스톤크롭) Sedum
- 디기탈리스 Digitalis purpurea
- 러시안세이지 Perovskia
- 루드베키아(블랙아이드 수전) Rudbeckia hirta
- 매발톱꽃(콜럼바인/그래니스 보닛) Aquilegia
- 버들마편초(아르헨티나 버베인/퍼플탑 버베인) Verbena bonariensis
- 베르가못(비 밤) Monarda didyma
- 산토끼꽃 Dipsacus
- 샐비어 Salvia
- 수레국화(블루보틀/배철러스 버튼) Centaurea cyanus
- 스카비오사(핀쿠션) Scabiosa
- 쑥부지깽이속 Erysimum
- 아네모네(재패니즈 아네모네/윈드플라워) Anemone
- 아르메리아(스리프트/시 핑크) Armeria
- 아스트란티아(해티스 핀쿠션/마스터워트)

❖ 식물종의 명칭 가운데 특정 지역에서만 일반적으로 통용되는 이름. 이하 '일반명(별칭이 있을 경우 별칭) 라틴어 학명' 형태로 적는다. -편집자

Astrantia
- 아우브리에타 *Aubrieta*
- 아주가(뷰글/브라운 뷰글) *Ajuga Reptans*
- 에키나시아(콘플라워) *Echinacea*
- 용설란(센추리 플랜트/아메리칸 알로에) *Agave americana*
- 우선국 *Symphyotrichum novi-belgii*
- 작약 *Paeonia lactiflora*
- 절굿대(글로브 시슬) *Echinops*
- 접시꽃 *Alcea rosea*
- 제라늄(메도우 크레인즈빌) *Geranium pratense*
- 톱풀 *Achillea*
- 프리뮬러(프림로즈) *Primula vulgaris*
- 헤더 *Calluna*
- 헬레보루스 포이티두스 *Helleborus foetidus*

구근식물

- 그레이프히아신스 *Muscari*
- 달리아 *Dahlia*
- 라눙쿨루스 *Ranunculus*
- 백합 *Lilium*
- 부추속 *Allium*
- 블루벨 *Hyacinthoides non-scripta*
- 사두패모 *Fritillaria meleagris*
- 수선화 *Narcissus*
- 스노드롭 *Galanthus*
- 크로커스 *Crocus*
- 튤립 *Tulipa*

- 히아신스 *Hyacinthus*

덩굴식물

- 등수국(클라이밍 하이드랑게아) *Hydrangea petiolaris*
- 시계꽃(그라나딜라) *Passiflora*
- 아이비 *Hedera*
- 인동덩굴 *Lonicera periclymenum*
- 재스민 *Jasminum officinale*
- 클레마티스 *Clematis*

관목

- 꽃댕강나무(글로시 아베리아) *Abelia*
- 다윈매자나무 *Berberis darwinii*
- 도그로즈(버드 브라이어/브라이어 로즈/와일드 로즈) *Rosa canina*
- 동백나무 *Camellia japonica*
- 딸기나무(스트로베리 트리) *Arbutus*
- 라벤더 *Lavandula angustifolia*
- 백서향 *Daphne*
- 부들레야(버터플라이 부시) *Buddleja*
- 뿔남천(오레건 그레이프) *Mahonia*
- 사르코코카(스위트 박스/크리스마스 박스) *Sarcococca*
- 에스칼로니아 *Escallonia*
- 일본 황산계수나무(재패니즈 스키미아) *Skimmia*

japonica

- 진달래 _Rhododendron mucronulatum_
- 진달래속 _Rhododendron_
- 캘리포니아라일락 _Ceanothus_
- 팔손이(재패니즈 아랄리아) _Fatsia japonica_
- 헤베(쉬러비 베로니카) _Hebe_
- 홍화커런트(플라워링 커런트) _Ribes_
- 후크시아 _Fuchsia_

산울타리

- 가시자두(슬로에) _Prunus spinosa_
- 단자산사나무(메이 트리) _Crataegus monogyna_
- 붉은피라칸타(파이어손) _Pyracantha_
- 유럽너도밤나무(코먼 비치) _Fagus sylvatica_

나무

- 단자산사나무(메이 트리) _Crataegus monogyna_
- 단풍나무(메이플/재패니즈 메이플) _Acer_
- 배나무 _Pyrus_
- 백합나무(튤립 포플러) _Liriodendron tulipifera_
- 버드나무 _Salix pierotii_
- 벚나무 _Prunus_
- 복사나무 _Prunus persica_
- 사과나무 _Malus domestica_
- 아몬드 _Prunus dulcis_
- 월계귀룽나무(체리 로렐) _Prunus laurocerasus_

- 유럽호랑가시나무 _Ilex aquifolium_
- 채진목(스노이 메스필러스) _Amelanchier_
- 호랑버들(고트 윌로우) _Salix caprea_

허브

- 고수(실란트로/차이니즈 파슬리) _Coriandrum sativum_
- 로만카모마일(론 카모마일) _Chamaemelum nobile 'Treneague'_
- 로즈메리 _Rosmarinus officinalis_
- 마저럼 _Origanum majorana_
- 민트 _Mentha_ 아종
- 바질 _Ocimum basillicum_
- 백리향 _Thymus serpyllum_
- 세이지(잉글리시 세이지) _Salvia officinalis_
- 차이브 _Allium schoenoprasum_
- 타임 _Thymus vulgaris_
- 회향(코먼 펜넬) _Foeniculum vulgare_

녹비/풋거름 식물

- 백겨자 _Sinapis alba_
- 살갈퀴(테어스) _Vicia sativa_
- 서양쐐기풀(코먼 네틀/스팅잉 네틀) _Urtica dioica_
- 컴프리 _Symphytum officinale_
- 토끼풀(크림슨 클로버/이탈리안 클로버) _Trifolium incarnatum_

- 호밀(헝가리안 그레이징 라이) *Secale cereale*

실내용 화초

- 구슬엮이 *Sedum burrito*
- 무늬접란 *Chlorophytum comosum* 'Variegatum'
- 벤저민고무나무(벤저민 트리/자바 피그) *Ficus benjamina*
- 산세비에리아(머더린로스 텅) *Sansevieria trifasciata*
- 스킨답서스(골든 포토스) *Epipremnum aureum*

- 스파티필룸(화이트 세일즈/스파티 플라워) *Spathiphyllum wallisii*
- 얼룩말선인장 *Haworthia*
- 에케베리아 '블루 스카이' *Echeveria*
- 염자(머니 트리/프렌드십 트리) *Crassula ovata*
- 인도고무나무(러버 트리/러버 피그) *Ficus elastica*
- 크립탄서스 *Cryptanthus bivittatus*
- 행운목(드래곤 플랜트/드래곤 트리) *Dracaena fragrans*
- 흰눈 피토니아 *Fittonia*
- 히포이스테스 *Hypoestes*

감사의 말

먼저, 흔들림 없이 지지해 주신 부모님께 감사드립니다. 두 분은 제가 원하는 건 무엇이든 될 수 있다는 믿음을 갖게 해주셨고, 제게 자연의 아름다움에 감사하는 법을 가르치셨어요.

친구와 가족들이 이번 프로젝트에 보내준 다정한 말, 격려, 열정에도 감사 인사를 전합니다. 점심이나 만남 약속을 미루는 일은 이제 없을 거라고 약속할게요. 제가 꼭 피자를 사겠습니다.

비키와 '해피 파머'가 보여준 모든 응원에 감사를 보냅니다. 케이크를 만들어주고, 제가 모니터 화면에서 벗어나 휴식을 필요로 할 때마다 개들과 긴 산책을 즐길 수 있게 해주셨죠.

삽화가 아멜리아에게도 정말 고마워요. 제 말과 생각을 가장 아름다운 이미지로 옮겨주었습니다. 제가 줄무늬 상의와 바구니에 집착하는 것까지도 고스란히 담아주었네요.

글 쓰는 내내 해리엇과 젬마를 비롯한 '쿼드릴 출판사'의 모든 이가 격려, 열의, 조언을 아끼지 않았습니다. 이런 기회를 얻은 것은 엄청난 행운이었어요. 함께 일하면서 재능을 키우기에 이보다 더 좋은 팀은 없을 거예요. 정말 고맙습니다.

그리고 마지막으로 인내와 이해심을 발휘해 준 앨런과 해리, 고맙습니다. 내가 글 쓰느라 방에 틀어박혀 있어도 불평 한마디 없이 넌지시 커피를 내밀고, 힘들어하는 날 참아주었죠. 앨런과 해리는 내가 세상에서 가장 아끼는 사람들이에요. 둘이 아니었다면 이 책의 단 한 줄도 쓰지 못했을 겁니다.

- 젠 칠링스워스

❖ 옮긴이 **김경영**

식물을 키우는 데는 소질이 없지만, 일상에서 만나는 식물들에 자주 위안을 받고 자연과 오래 공존하며 살아가는 방법과 이 방법을 기록한 책에 관심이 많다. 광고회사 카피라이터, 잡지사 에디터를 거쳐 지금은 영어 번역가로 일하고 있다. 옮긴 책으로는 《행복의 감각》, 《운동의 역설》, 《거의 완벽에 가까운 사람들》, 《어떻게 나답게 살 것인가》 등 약 30권이 있고, 독서토론 모임 '섬북동' 멤버들과 에세이 《우리는 이미 여행자다》를 함께 썼다.

◇ 자연이 자라는 ◇
친환경 정원

초판 1쇄 발행 2023년 7월 28일

지은이 젠 칠링스워스
그린이 아멜리아 플라워
옮긴이 김경영
발행처 타임북스
발행인 이길호
총 괄 이재용
편집인 이현은
편 집 이호정 · 최예경
마케팅 이태훈 · 황주희 · 김미성
디자인 하남선
제작·물류 최현철 · 김진식 · 김진현 · 이난영 · 심재희

타임북스는 ㈜타임교육C&P의 단행본 출판 브랜드입니다.
출판등록 2020년 7월 14일 제2020-000187호
주 소 서울특별시 강남구 봉은사로 442 75th AVENUE빌딩 7층
전 화 02-590-6997
팩 스 02-395-0251
전자우편 timebooks@t-ime.com

ISBN 979-11-92769-35-6(14590)